Mahmoud Zaky
Norhan El-Alfy

Mutações bacterianas

Mahmoud Zaky
Norhan El-Alfy

Mutações bacterianas

ScienciaScripts

Imprint

Any brand names and product names mentioned in this book are subject to trademark, brand or patent protection and are trademarks or registered trademarks of their respective holders. The use of brand names, product names, common names, trade names, product descriptions etc. even without a particular marking in this work is in no way to be construed to mean that such names may be regarded as unrestricted in respect of trademark and brand protection legislation and could thus be used by anyone.

Cover image: www.ingimage.com

This book is a translation from the original published under ISBN 978-3-330-35177-6.

Publisher:
Sciencia Scripts
is a trademark of
Dodo Books Indian Ocean Ltd. and OmniScriptum S.R.L publishing group

120 High Road, East Finchley, London, N2 9ED, United Kingdom
Str. Armeneasca 28/1, office 1, Chisinau MD-2012, Republic of Moldova, Europe
Printed at: see last page
ISBN: 978-620-7-62818-6

Lista de conteúdos

CAPÍTULO 1

1. Introdução

Em biologia, uma mutação é a alteração permanente da sequência de nucleótidos do genoma de um organismo, de um vírus, do ADN extracromossómico ou de outros elementos genéticos. As mutações resultam de erros durante a replicação do ADN ou de outros tipos de danos no ADN, que podem depois ser submetidos a uma reparação propensa a erros (especialmente a junção de extremidades mediada por micro-homologia^]), ou causar um erro durante outras formas de reparação,[2][3]ou ainda causar um erro durante a replicação (síntese de translesões). As mutações podem também resultar da inserção ou supressão de segmentos de ADN devido a elementos genéticos móveis. [4][5][6] As mutações podem ou não produzir alterações perceptíveis nas características observáveis (fenótipo) de um organismo. As mutações desempenham um papel tanto nos processos biológicos normais como nos anormais, incluindo: evolução, cancro e desenvolvimento do sistema imunitário, incluindo a diversidade juncional.

Os genomas dos vírus ARN são baseados no ARN e não no ADN. O genoma viral de ARN pode ser de cadeia dupla (como no ADN) ou de cadeia simples. Em alguns destes vírus (como o vírus da imunodeficiência humana de cadeia simples) a replicação ocorre rapidamente e não existem mecanismos para verificar a exatidão do genoma. Este processo propenso a erros resulta frequentemente em mutações.

A mutação pode resultar em muitos tipos diferentes de alterações nas sequências. As mutações nos genes podem não ter qualquer efeito, alterar o produto de um gene ou impedir que o gene funcione correcta ou completamente. As mutações podem também ocorrer em regiões não genéticas. Um estudo sobre variações genéticas entre diferentes espécies de *Drosophila* sugere que, se uma mutação altera uma proteína produzida por um gene, o resultado é provavelmente prejudicial, com uma estimativa de 70% dos polimorfismos de aminoácidos que têm efeitos prejudiciais, e o restante sendo neutro ou marginalmente benéfico.[7] Devido aos efeitos prejudiciais que as mutações podem ter sobre os genes, os organismos têm mecanismos como a reparação do ADN para prevenir ou corrigir mutações, revertendo a sequência mutada de volta ao seu estado original.[4]

1.1 Descrição

As mutações podem envolver a duplicação de grandes secções de ADN, normalmente através de recombinação genética.[8] Estas duplicações são uma importante fonte de matéria-prima para a evolução de novos genes, com dezenas a centenas de genes duplicados em genomas animais a cada milhão de anos.[9] A maioria dos genes pertence a famílias de genes maiores de ancestralidade partilhada, conhecida como homologia.[110]] Novos genes são produzidos por vários métodos, geralmente através da duplicação e mutação de um gene ancestral, ou pela recombinação de partes de diferentes genes para formar novas combinações com novas funções.[11][12]

Aqui, os domínios proteicos actuam como módulos, cada um com uma função particular e independente, que podem ser misturados para produzir genes que codificam novas proteínas com novas propriedades. [13 Por exemplo, o olho humano usa quatro genes para criar estruturas que detectam a luz: três para a célula cone ou visão de cores e um para a célula bastonete ou visão nocturna; todos os quatro surgiram de um único gene ancestral. 14 Outra vantagem de duplicar um gene (ou mesmo um genoma inteiro) é que isso aumenta a redundância de engenharia; isso permite que um gene no par adquira uma nova função enquanto a outra cópia executa a função original.[15][16] Outros tipos de mutação criam ocasionalmente novos genes a partir de ADN previamente não codificante.[TM]

As alterações no número de cromossomas podem envolver mutações ainda maiores, em que segmentos do ADN dentro dos cromossomas se quebram e depois se reorganizam. Por exemplo, nos Homininae, dois cromossomas fundiram-se para produzir o cromossoma 2 humano; esta fusão não ocorreu na linhagem dos outros símios, que mantêm estes cromossomas separados.[119]] Na evolução, o papel mais importante destes rearranjos cromossómicos pode ser o de acelerar a divergência de uma população em novas espécies, tornando as populações menos susceptíveis de se cruzarem entre si, preservando assim as diferenças genéticas entre essas populações.][120]

As sequências de ADN que podem deslocar-se no genoma, como os transposões, constituem uma fração importante do material genético de plantas e animais e podem ter sido importantes na evolução dos genomas.[1211] Por exemplo, mais de um milhão de cópias da sequência Alu estão presentes no genoma humano, e estas sequências foram agora recrutadas para desempenhar funções como a regulação da expressão genética.[122]] Outro efeito destas sequências de ADN móveis é que, quando se deslocam no interior de um genoma, podem sofrer mutações ou apagar genes existentes, produzindo assim diversidade genética.][15]

As mutações não letais acumulam-se no pool genético e aumentam a quantidade de variação genética.[123]] A abundância de algumas alterações genéticas no pool genético pode ser reduzida pela seleção natural, enquanto outras mutações "mais favoráveis" podem acumular-se e resultar em alterações adaptativas.

Por exemplo, uma borboleta pode produzir descendentes com novas mutações. A maioria destas mutações não terá qualquer efeito, mas uma delas pode mudar a cor de uma das borboletas, tornando-a mais difícil (ou mais fácil) de ser vista pelos predadores. Se esta mudança de cor for vantajosa, a probabilidade de esta borboleta sobreviver e produzir a sua própria descendência é um pouco maior e, com o tempo, o número de borboletas com esta mutação pode formar uma percentagem maior da população.

As mutações neutras são definidas como mutações cujos efeitos não influenciam a aptidão de um indivíduo. Estas podem acumular-se ao longo do tempo devido à deriva genética. Acredita-se que a esmagadora maioria das mutações não tem efeito significativo sobre a aptidão de um organismo. Além disso, os mecanismos de reparação do ADN são capazes de reparar a maioria das alterações antes de se tornarem mutações permanentes, e muitos organismos têm mecanismos para eliminar células somáticas com mutações permanentes.

As mutações benéficas podem melhorar o sucesso reprodutivo.

1.1.1 Causas

Quatro classes de mutações são

❖ Mutações espontâneas (decaimento molecular)

❖ Mutações devidas a uma replicação propensa a erros que contorna danos naturais no ADN (também designada síntese de translesões propensa a erros)

❖ Erros introduzidos durante a reparação do ADN

❖ Mutações induzidas causadas por agentes mutagénicos. Os cientistas podem também introduzir deliberadamente sequências mutantes através da manipulação do ADN para fins de experimentação científica.

A. Mutação espontânea :

As mutações espontâneas a nível molecular podem ser causadas por:[24]

- Tautomerismo - Uma base é alterada pelo reposicionamento de um átomo de hidrogénio, alterando o padrão de ligação de hidrogénio dessa base, resultando num emparelhamento incorreto de bases durante a replicação.

- Depurinação - Perda de uma base purina (A ou G) para formar um sítio apurínico (sítio AP).

- Desaminação - A hidrólise altera uma base normal para uma base atípica que contém um grupo ceto no lugar do grupo amina original. Exemplos incluem C ^ U e A ^ HX (hipoxantina), que podem ser corrigidos por mecanismos de reparação do ADN; e 5MeC (5-metilcitosina) ^ T, que é menos provável de ser detectado como uma mutação porque a timina é uma base normal do ADN.

- Desemparelhamento da cadeia por deslizamento - Desnaturação da nova cadeia a partir do modelo durante a replicação, seguida de renaturação num ponto diferente ("deslizamento"). Isto pode levar a inserções ou deleções.

B. Contorno da replicação propensa a erros:

Há cada vez mais provas de que a maioria das mutações que surgem espontaneamente se deve à replicação propensa a erros (síntese de translesões) após danos no ADN na cadeia modelo. Os danos oxidativos no ADN que ocorrem naturalmente surgem pelo menos 10.000 vezes por célula por dia em humanos e 50.000 vezes ou mais por célula por dia em ratos[25]. Em ratos, a maioria das mutações é causada pela síntese de translesões.[126]] Da mesma forma, na levedura, Kunz [27] descobriu que mais de 60% das substituições e deleções espontâneas de um único par de bases eram causadas pela síntese de translesões.

C. Erros introduzidos durante a reparação do ADN:

Embora as quebras de cadeia dupla ocorram naturalmente com uma frequência relativamente baixa no ADN, a sua reparação provoca frequentemente mutações. A junção de extremidades não homólogas (NHEJ) é uma das principais vias de reparação das quebras de cadeia dupla. A NHEJ envolve a remoção de alguns nucleótidos para permitir um alinhamento algo impreciso das duas extremidades para a junção, seguida da adição de nucleótidos para preencher as lacunas. Como consequência, a NHEJ introduz frequentemente mutações.[28][29]

D. Mutação induzida:

As mutações induzidas a nível molecular podem ser causadas por

- Produtos químicos

    - Hidroxilamina

    - Análogos de bases (por exemplo, bromodeoxiuridina (BrdU))

    - Agentes alquilantes (por exemplo, *N-etil-N-nitrosoureia* (ENU))   .

podem causar mutações tanto no ADN replicante como no não-replicante. Em contraste, um análogo de base pode mutar o ADN apenas quando o análogo é incorporado na replicação do ADN. Cada uma destas classes de agentes mutagénicos químicos tem determinados efeitos que conduzem a transições, transversões ou deleções.

- Agentes que formam aductos de ADN (por exemplo, ocratoxina A)][30]

- Agentes intercalantes de ADN (por exemplo, brometo de etídio)

- reticuladores de ADN

- Danos oxidativos

- O ácido nitroso converte os grupos amina em A e C em grupos diazo, alterando os seus padrões de ligação de hidrogénio, o que leva a um emparelhamento incorreto de bases durante a replicação.

- Radiação

- Luz ultravioleta (UV) (radiação não ionizante). Duas bases nucleotídicas do ADN - a citosina e a timina - são mais vulneráveis à radiação que pode alterar as suas propriedades. A luz UV pode induzir bases de pirimidina adjacentes numa cadeia de ADN a unirem-se covalentemente como um dímero de pirimidina. A radiação UV, em particular a UVA de onda mais longa, também pode causar danos oxidativos no ADN[31].

1.1.2 Classificação dos tipos de mutação
A. Por efeito na estrutura:
Figura 1: Ilustrações de cinco tipos de mutações cromossómicas.

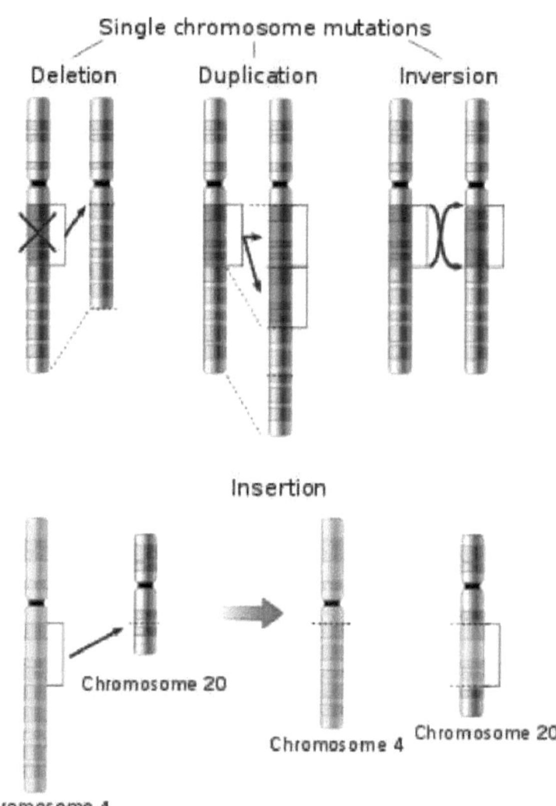

Single chromosome mutations
Deletion
Duplication
Inversion
Insertion
Chromosome 20
Chromosome 4
Chromosome 20
Chromosome 4

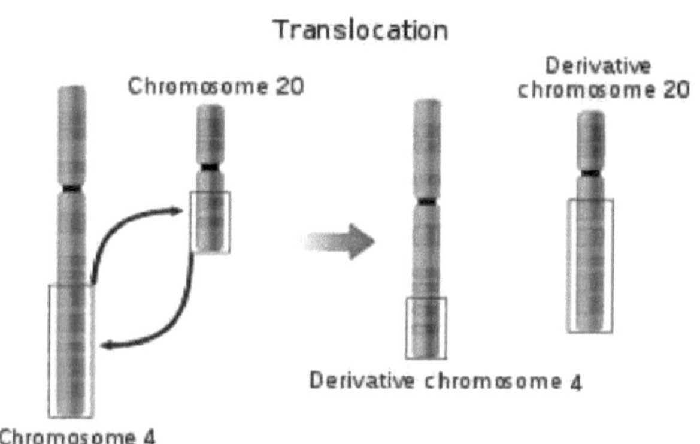

Translocation
Chromosome 20
Derivative
chromosome 20
Derivative chromosome 4
Chromosome 4

Tabela 1: Exemplos de mutações notáveis.

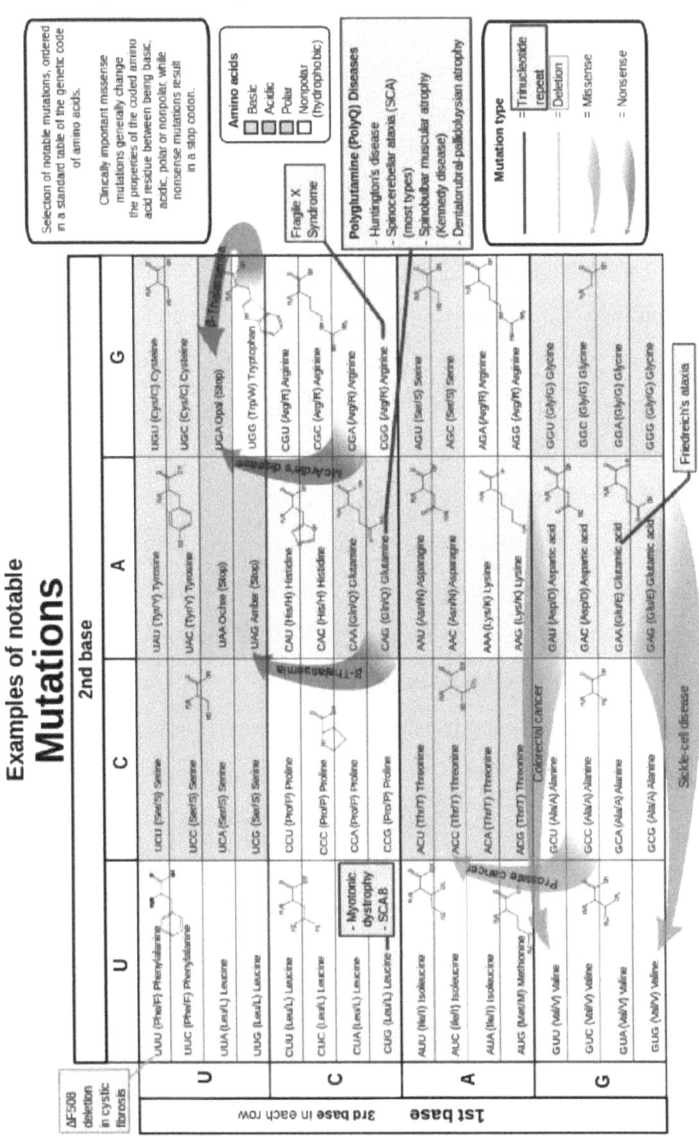

Seleção de mutações causadoras de doenças, numa tabela normalizada do código genético dos aminoácidos[32].

A sequência de um gene pode ser alterada de várias formas. As mutações genéticas têm efeitos variáveis na saúde, dependendo de onde ocorrem e se alteram a função de proteínas essenciais. As mutações na estrutura dos genes podem ser classificadas como:

- Mutações de pequena escala, tais como as que afectam um pequeno gene em um ou poucos nucleótidos, incluindo:

> **- As mutações de substituição**, muitas vezes causadas por produtos químicos ou mau funcionamento da replicação do DNA, trocam um único nucleotídeo por outro .[33] Essas mudanças são classificadas como transições ou transversões.[134]] A mais comum é a transição que troca uma purina por uma purina (A ^ G) ou uma pirimidina por uma pirimidina, (C ^ T). Uma transição pode ser causada por ácido nitroso, emparelhamento errado de bases ou análogos de bases mutagénicas, como a BrdU. Menos comum é uma transversão, que troca uma purina por uma pirimidina ou uma pirimidina por uma purina (C/T ^ A/G). Um exemplo de uma transversão é a conversão da adenina (A) numa citosina (C). Uma mutação pontual pode ser revertida por outra mutação pontual, na qual o nucleótido é alterado de volta ao seu estado original (reversão verdadeira) ou por reversão de segundo local (uma mutação complementar noutro local que resulta na recuperação da funcionalidade do gene). As mutações pontuais que ocorrem na região codificadora de proteínas de um gene podem ser classificadas em três tipos, dependendo do que o códon errado codifica:
>
> - **Mutações silenciosas,** que codificam o mesmo aminoácido (ou um suficientemente semelhante).
>
> - **Mutações missense,** que codificam um aminoácido diferente.
>
> - **Mutações sem sentido**, que codificam um códão de paragem e podem truncar a proteína.

- **As inserções** adicionam um ou mais nucleótidos extra ao ADN. São geralmente causadas por elementos transponíveis ou por erros durante a replicação de elementos repetitivos. As inserções na região codificadora de um gene podem alterar o splicing do seu ARN (mutação do local de splice), ou causar uma mudança no quadro de leitura (frameshift), podendo ambos alterar significativamente o produto genético. As inserções podem ser revertidas pela excisão do elemento transponível.

- **As deleções** removem um ou mais nucleótidos do ADN. Tal como as inserções, estas mutações podem alterar o quadro de leitura do gene. Em geral, são irreversíveis: Embora exatamente a mesma sequência possa, em teoria, ser restaurada por uma inserção, os elementos transponíveis capazes de reverter uma deleção muito curta (digamos 1-2 bases) em *qualquer* localização são altamente improváveis de existir ou não existem de todo.

- Mutações em grande escala na estrutura cromossómica, incluindo:

- **Amplificações** (ou duplicações de genes) que conduzem a cópias múltiplas de todas as regiões cromossómicas, aumentando a dosagem dos genes nelas localizados.

- **Deleções** de grandes regiões cromossómicas, levando à perda dos genes dessas regiões.

- Mutações cujo efeito é justapor pedaços de ADN previamente separados, potencialmente juntando genes separados para formar genes de fusão funcionalmente distintos (por exemplo, bcr-abl). Estas incluem:

  - **Translocações cromossómicas**: intercâmbio de partes genéticas de cromossomas não homólogos.

  - **Deleções intersticiais**: uma deleção intracromossómica que remove um segmento de ADN de um único cromossoma, o que permite a aposição de genes anteriormente distantes. Por exemplo, verificou-se que as células isoladas de um astrocitoma humano, um tipo de tumor cerebral, tinham uma deleção cromossómica que removia sequências entre o gene Fused in Glioblastoma (FIG) e o recetor tirosina quinase (ROS), produzindo uma proteína de fusão (FIG-ROS). A proteína de fusão FIG-ROS anormal tem uma atividade cinase constitutivamente ativa que provoca uma transformação oncogénica (uma transformação de células normais em células cancerígenas).

- **Inversões cromossómicas**: inversão da orientação de um segmento cromossómico.

- <u>**Perda de heterozigotia:**</u> perda de um alelo, quer por uma deleção ou por um evento de recombinação genética, num organismo que anteriormente tinha dois alelos diferentes.

B. Por efeito na função :

- **As mutações de perda de função**, também chamadas **mutações inactivadoras**, fazem com que o produto do gene tenha menos ou nenhuma função (sendo parcial ou totalmente inactivado). Quando o alelo tem uma perda completa de função (alelo nulo), é frequentemente designado por **mutação amorfa** no esquema de morfos de Muller. Os fenótipos associados a estas mutações são, na maioria das vezes, recessivos. As excepções são quando o organismo é haploide, ou quando a dosagem reduzida de um produto genético normal não é suficiente para um fenótipo normal (isto é chamado haploinsuficiência).

- **As mutações de ganho de função**, também chamadas **mutações activadoras**, alteram o produto do gene de tal forma que o seu efeito se torna mais forte (ativação reforçada) ou é mesmo substituído por uma função diferente e anormal. Quando o novo alelo é criado, um heterozigoto que contenha o alelo recém-criado, bem como o original, expressará o novo alelo; geneticamente, isto define as mutações como fenótipos dominantes. Muitas vezes chamada de mutação neomórfica[35].

- **Mutações dominantes-negativas** (também

As mutações antimórficas (chamadas **mutações antimórficas**) têm um produto genético alterado que actua de forma antagónica ao alelo de tipo selvagem. Estas mutações resultam geralmente numa função molecular alterada (frequentemente inativa) e são caracterizadas por um fenótipo dominante ou semi-dominante. Nos seres humanos, as mutações negativas dominantes têm sido implicadas no cancro (por exemplo, mutações em

genes p53,[36] ATM,[37] CEBPA[38] e PPARgamma[39]). A síndrome de Marfan é causada por mutações no gene *FBN1*, localizado no cromossoma 15, que codifica a fibrilina-1, uma glicoproteína componente da matriz extracelular.[140]] A síndrome de Marfan é também um exemplo de mutação negativa dominante e haploinsuficiência.[41][ ][42]

- **As mutações letais** são mutações que levam à morte dos organismos portadores das mutações.

- Uma mutação **de retorno** ou **reversão** é uma mutação pontual que restaura a sequência original e, por conseguinte, o fenótipo original[43].

C. Por efeito na aptidão física :

Na genética aplicada, é habitual falar-se de mutações como prejudiciais ou benéficas.

- Uma mutação **nociva**, ou **deletéria**, diminui a aptidão do organismo.

- Uma mutação **benéfica**, ou **vantajosa,** aumenta a aptidão do organismo. As mutações que promovem características desejáveis também são chamadas de benéficas. Em genética populacional teórica, é mais comum falar de mutações como deletérias ou vantajosas do que prejudiciais ou benéficas.

- Uma **mutação neutra** não tem qualquer efeito nocivo ou benéfico para o organismo. Estas mutações ocorrem a um ritmo constante, constituindo a base do relógio molecular. Na teoria neutra da evolução molecular, as mutações neutras fornecem a deriva genética como base para a maior parte da variação a nível molecular.

- Uma mutação **quase neutra** é uma mutação que pode ser ligeiramente deletéria ou vantajosa, embora a maioria das mutações quase neutras seja ligeiramente deletéria.

D. Por impacto na sequência da proteína :

- Uma **<u>mutação frameshift</u>** é uma mutação causada pela inserção ou deleção de um número de nucleotídeos que não é divisível uniformemente por três de uma sequência de DNA. Devido à natureza tripla da expressão do gene por códons, a inserção ou deleção pode perturbar o quadro de leitura, ou o agrupamento dos códons, resultando em uma tradução completamente diferente da original.[44] Quanto mais cedo na sequência a deleção ou inserção ocorre, mais alterada é a proteína produzida.

Em contrapartida, qualquer inserção ou supressão que seja divisível por três é designada por *mutação in-frame* .

- Uma **<u>mutação sem sentido</u>** é uma mutação pontual numa sequência de ADN que resulta num códão de paragem prematuro ou num *códão sem sentido* no ARNm transcrito e, possivelmente, num produto proteico truncado e, frequentemente, não funcional.

- **<u>As mutações missense</u>** ou *mutações não sinónimas* são tipos de mutações pontuais em que um único nucleótido é alterado para causar a substituição de um aminoácido diferente. Isto, por sua vez, pode tornar a proteína resultante não funcional. Tais mutações são responsáveis por doenças como a epidermólise bolhosa, a doença das células falciformes e a SOD1- mediada porALS[45].

- Uma mutação **neutra** é uma mutação que ocorre num códão de aminoácido que resulta na utilização de um aminoácido diferente, mas quimicamente semelhante. A semelhança entre os dois é suficiente para que a proteína sofra poucas ou nenhumas alterações. Por exemplo, uma alteração de AAA para AGA codifica a arginina, uma molécula quimicamente semelhante à lisina pretendida.

- **As mutações silenciosas** são mutações que não resultam numa alteração da sequência de aminoácidos de uma proteína, a menos que o aminoácido alterado seja suficientemente semelhante ao original. Podem ocorrer numa região que não codifica uma proteína, ou podem ocorrer dentro de um codão de uma forma que não altera a sequência final de aminoácidos. A expressão *mutação silenciosa* é frequentemente utilizada de forma intercambiável   com   a expressão

No entanto, as mutações sinónimas são uma subcategoria das primeiras, ocorrendo apenas dentro dos exões (e preservando necessariamente de forma exacta a sequência de aminoácidos da proteína). As mutações sinónimas ocorrem devido à natureza degenerada do código genético.

E. Por herança:

Em organismos multicelulares com células reprodutivas dedicadas, as mutações podem ser subdivididas em mutações germinativas, que podem ser transmitidas aos descendentes através das suas células reprodutivas, e mutações somáticas (também chamadas mutações adquiridas),[46] que envolvem células fora do grupo reprodutivo dedicado e que normalmente não são transmitidas aos descendentes.

Uma mutação germinal dá origem a uma *mutação constitucional* na descendência, ou seja, uma mutação que está presente em todas as células.

Uma mutação constitucional pode também ocorrer muito cedo após a fertilização, ou continuar a partir de uma mutação constitucional anterior num progenitor. [47]

A distinção entre mutações da linha germinativa e somáticas é importante nos animais que têm uma linha germinativa dedicada à produção de células reprodutoras. No entanto, é de pouca utilidade para compreender os efeitos das mutações nas plantas, que não têm uma linha germinal específica. A distinção também é ténue nos animais que se reproduzem assexuadamente através de mecanismos como o brotamento, porque as células que dão origem aos organismos filhos também dão origem à linha germinativa desse organismo. Uma nova mutação na linha germinativa que não foi herdada de nenhum dos pais é chamada de mutação *de novo*.

Os organismos diplóides (por exemplo, os humanos) contêm duas cópias de cada gene - um alelo paterno e um alelo materno. Com base na ocorrência de mutação em cada cromossoma, podemos classificar as mutações em três tipos.

- Uma **mutação heterozigótica** é uma mutação de apenas um alelo.

- Uma **mutação homozigótica** é uma mutação idêntica dos alelos paterno e materno.

- Mutações heterozigóticas **compostas** ou um **composto genético** compreende duas mutações diferentes nos alelos paterno e materno[48].

Um organismo de **tipo selvagem** ou **homozigótico não mutado** é aquele em que nenhum dos alelos está mutado.

1.1.3 Mutações prejudiciais:

As alterações no ADN causadas por mutações podem provocar erros na sequência das proteínas, criando proteínas parcial ou totalmente não funcionais. Cada célula, para funcionar corretamente, depende de milhares de proteínas que funcionam nos locais certos e nos momentos certos. Quando uma mutação altera uma proteína que desempenha um papel crítico no organismo, pode resultar numa doença. Uma doença causada por mutações num ou mais genes é designada por doença genética. Algumas mutações alteram a sequência de bases do ADN de um gene, mas não alteram a função da proteína produzida pelo gene. Um estudo sobre a comparação de genes entre diferentes espécies de *Drosophila* sugere que se uma mutação altera uma proteína, esta será provavelmente prejudicial, com uma estimativa de 70% dos polimorfismos de aminoácidos tendo efeitos prejudiciais, e o restante sendo neutro ou fracamente benéfico[49]. Estudos mostraram que apenas 7% das mutações pontuais no DNA não codificante da levedura são deletérias e 12% no DNA codificante são deletérias. O resto das mutações são neutras ou ligeiramente benéficas[50]. [50]

Se uma mutação estiver presente numa célula germinativa, pode dar origem a uma descendência que seja portadora da mutação em todas as suas células. É o que acontece nas doenças hereditárias. Em particular, se existir uma mutação num gene de reparação do ADN numa célula germinal, os seres humanos portadores dessas mutações na linha germinal podem ter um risco acrescido de cancro. Uma lista de 34 mutações germinativas deste tipo é apresentada no artigo "DNA repair-deficiency disorder". Um exemplo é o albinismo, uma mutação que ocorre no gene OCA1 ou OCA2. Os indivíduos com esta doença são mais propensos a muitos tipos de cancro e a outras doenças e têm problemas de visão. Por outro lado, uma mutação pode ocorrer numa célula somática de um organismo. Essas mutações estarão presentes em todos os descendentes dessa célula dentro do mesmo organismo, e certas mutações podem fazer com que a célula se torne maligna e, assim, causar cancro[51].

Um dano no ADN pode causar um erro quando o ADN é replicado, e este erro de replicação pode causar uma mutação genética que, por sua vez, pode causar uma doença genética. Os danos no ADN são reparados pelo sistema de reparação do ADN da célula. Cada célula tem um número de vias através das quais as enzimas reconhecem e reparam os danos no ADN. Uma vez que o ADN pode ser danificado de muitas formas, o processo de reparação do ADN é uma forma importante de o organismo se proteger das doenças. Uma vez que os danos no ADN tenham dado origem a uma mutação, esta não pode ser reparada. As vias de reparação do ADN só podem reconhecer e atuar sobre estruturas "anormais" no ADN. Quando ocorre uma mutação numa sequência genética, esta passa a ter uma estrutura de ADN normal e não pode ser reparada.

1.1.4 Mutações benéficas:

Embora as mutações que causam alterações nas sequências proteicas possam ser prejudiciais para um organismo, por vezes o efeito pode ser positivo num determinado ambiente. Neste caso, a mutação pode permitir que o organismo mutante resista melhor a determinadas pressões ambientais do que os organismos de tipo selvagem, ou que se reproduza mais rapidamente. Nestes casos, uma mutação tenderá a tornar-se mais comum numa população através da seleção natural.

Por exemplo, uma deleção específica de 32 pares de bases no CCR5 humano (CCR5- Л32) confere resistência ao VIH aos homozigotos e atrasa o aparecimento da SIDA nos heterozigotos.[1521] Uma possível explicação para a etiologia da frequência relativamente elevada de CCИ5-Л32 na população europeia é que conferiu resistência à peste bubónica em meados do século XIV na Europa.

As pessoas com esta mutação tinham mais probabilidades de sobreviver à infeção; assim, a sua frequência na população aumentou. [Esta teoria poderia explicar por que razão esta mutação não é encontrada na África Austral, que não foi afetada pela peste bubónica. Uma teoria mais recente sugere que a pressão selectiva sobre a mutação CCR5 Delta 32 foi causada pela varíola e não pela peste bubónica[54].

Outro exemplo é a doença das células falciformes, uma doença do sangue em que o corpo produz um tipo anormal de hemoglobina, a substância que transporta o oxigénio, nos glóbulos vermelhos. Um terço de todos os habitantes indígenas da África Subsariana é portador do gene, porque, em áreas onde a malária é comum, há um valor de sobrevivência em ser portador de apenas um único gene de células falciformes (traço falciforme).[55] Aqueles com apenas um dos dois alelos da doença falciforme são mais resistentes à malária, uma vez que a infestação do *Plasmodium* da malária é interrompida pela falcização das células que infesta.

1.1.5 Mutações de priões:

Os priões são proteínas e não contêm material genético. No entanto, foi demonstrado que a replicação dos priões está sujeita a mutações e à seleção natural, tal como outras formas de replicação[56].

1.1.6 Mutações somáticas:

Uma alteração na estrutura genética que não é herdada de um progenitor e que também não é transmitida à descendência é designada por *mutação genética das células somáticas* ou *mutação adquirida*[46].

1.8 Mutações amorfas:

As células com mutações heterozigóticas (uma cópia boa do gene e uma cópia mutada) podem funcionar normalmente com a cópia não mutada até que a cópia boa sofra uma mutação espontânea e somática. Este tipo de mutação acontece a toda a hora nos organismos vivos, mas é difícil medir a sua taxa. A medição desta taxa é importante para prever a taxa a que as pessoas podem desenvolver cancro[57].

As mutações pontuais podem resultar de mutações espontâneas que ocorrem durante a replicação do ADN. A taxa de mutação pode ser aumentada por agentes mutagénicos. Os agentes mutagénicos podem ser físicos, como a radiação dos raios UV, os raios X ou o calor extremo, ou químicos (moléculas que deslocam pares de bases ou perturbam a forma helicoidal do ADN). Os agentes mutagénicos associados aos cancros são frequentemente estudados para aprender sobre o cancro e a sua prevenção.

1.2 Mutagénese (técnica de biologia molecular)

A mutagénese em laboratório é uma técnica importante, através da qual as mutações do ADN são deliberadamente concebidas para produzir genes mutantes, proteínas, estirpes de bactérias ou outros organismos geneticamente modificados. Vários constituintes de um gene, como os seus elementos de controlo e o seu produto genético, podem ser mutados de modo a que o funcionamento de um gene ou de uma proteína possa ser examinado em pormenor. A mutação pode também produzir proteínas mutantes com propriedades interessantes, ou funções melhoradas ou novas que podem ser de uso comercial. Podem também ser produzidas estirpes mutantes com aplicação prática ou que permitam investigar a base molecular de uma determinada função celular.

1.2.1 Mutagénese aleatória

As primeiras abordagens à mutagénese baseiam-se em métodos que são inteiramente aleatórios nas mutações produzidas. As células ou organismos podem ser expostos a agentes mutagénicos, como a radiação UV ou produtos químicos mutagénicos, sendo depois seleccionados mutantes com as características desejadas. Hermann Muller descobriu que os raios X podem causar mutações genéticas em moscas da fruta (publicado em 1927),[58] e passou a utilizar os mutantes de *Drosophila* criados para os seus estudos sobre genética[59]. No caso *da Escherichia coli,* os mutantes podem ser seleccionados primeiro por exposição a radiação UV e depois colocados em meio de ágar. As colónias formadas são depois replicadas, uma em meio rico, outra em meio mínimo, e os mutantes que têm necessidades nutricionais específicas podem então ser identificados pela sua incapacidade de crescer em meio mínimo. Procedimentos semelhantes podem ser repetidos com outros tipos de células e com diferentes meios de seleção.

Posteriormente, foram desenvolvidos vários métodos para gerar mutações aleatórias em proteínas específicas, a fim de selecionar mutantes com propriedades interessantes ou melhoradas. Estes métodos podem envolver a utilização de nucleótidos dopados na síntese de oligonucleótidos, ou a realização de uma reação de PCR em condições que aumentam a incorporação incorrecta de nucleótidos (PCR propensa a erros), por exemplo, reduzindo a fidelidade da replicação ou utilizando análogos de nucleótidos[60]. Os produtos de PCR que contêm mutações são depois clonados num vetor de expressão e as proteínas mutantes produzidas podem então ser caracterizadas.

Em estudos com animais, foram utilizados agentes alquilantes como a *N-etil-N-nitrosoureia* (ENU) para gerar ratinhos mutantes.[61][62] O metanossulfonato de etilo (EMS) é também frequentemente utilizado para gerar animais e plantas mutantes.[63][64]

1.2.2 Mutagénese dirigida ao local

A mutagénese dirigida ao   local é um método de biologia molecular utilizado para efetuar alterações específicas e intencionais na sequência de ADN de um gene e   em quaisquer produtos genéticos   .

mutagénese ou mutagénese dirigida por oligonucleótidos, é utilizada para investigar a estrutura e a atividade biológica de moléculas de ADN, ARN e proteínas, e para a engenharia de proteínas.

A mutagénese dirigida ao local é uma das técnicas mais importantes em laboratório para introduzir uma mutação numa sequência de ADN. No entanto, com a diminuição dos custos da síntese de oligonucleótidos, a síntese de genes artificiais é agora ocasionalmente utilizada como alternativa à mutagénese dirigida ao local.

A. Mecanismo de base

O procedimento básico requer a síntese de um primer curto de DNA. Este iniciador sintético contém a mutação desejada e é complementar ao ADN modelo em torno do local da mutação, para que possa hibridizar com o ADN no gene de interesse. A mutação pode ser uma alteração de uma única base (uma mutação pontual), alterações de múltiplas bases, deleção ou inserção. O iniciador de cadeia simples é então estendido usando uma DNA polimerase, que copia o resto do gene. O gene assim copiado contém o local mutado e é então introduzido numa célula hospedeira como vetor e clonado. Finalmente, os mutantes são seleccionados por sequenciação do ADN para verificar se contêm a mutação desejada.

O método original que utilizava a extensão de primer único era ineficiente devido a um baixo rendimento de mutantes. Esta mistura resultante contém tanto o modelo original não mutado como a cadeia mutante, produzindo uma população mista de descendentes mutantes e não mutantes. Além disso, o molde utilizado é metilado, enquanto a cadeia mutante não é metilada, e os mutantes podem ser contra-seleccionados devido à presença de um sistema de reparação de incompatibilidades que favorece o ADN molde metilado, resultando em menos mutantes. Desde então, foram desenvolvidas muitas abordagens para melhorar a eficiência da mutagénese

B. Abordagens da mutagénese dirigida ao local

Existe um grande número de métodos disponíveis para efetuar a mutagénese dirigida ao local,[65] embora a maioria deles seja agora raramente utilizada em laboratórios desde o início dos anos 2000, uma vez que as técnicas mais recentes permitem formas mais simples e mais fáceis de introduzir mutações específicas do local nos genes.

❖ Método de Kunkel

Em 1987, Thomas Kunkel introduziu uma técnica que reduz a necessidade de selecionar os mutantes[66]. O fragmento de ADN a ser mutado é inserido num fagóide como o M13mp18/19 e é depois transformado numa estirpe de *E. coli* deficiente em duas enzimas, a dUTPase (*dut*) e a uracil desglicosidase (*ung*). Ambas as enzimas fazem parte de uma via de reparação do ADN que protege o cromossoma bacteriano de mutações através da desaminação espontânea do dCTP em dUTP. A deficiência de dUTPase impede a degradação do dUTP, resultando num elevado nível de dUTP na célula. A deficiência de uracil desglicosidase impede a remoção de uracil do ADN recém-sintetizado. Uma vez que o *E. colireplicante duplamente* mutante *replica* o ADN do fago, a sua maquinaria enzimática pode, por conseguinte, incorporar incorretamente dUTP em vez de dTTP, resultando num ADN de cadeia simples que contém algumas uracilas (ssUDNA). O ssUDNA é extraído do bacteriófago que é libertado para o meio, sendo depois utilizado como molde para a mutagénese. Um oligonucleótido que contém a mutação desejada é utilizado para a extensão do iniciador. O ADN heteroduplex que se forma é constituído por uma cadeia parental não mutada que contém dUTP e uma cadeia mutada que contém dTTP. O ADN é então transformado numa estirpe de E. coli portadora dos genes *dut* e *ung* de tipo selvagem. Aqui, a cadeia de ADN parental contendo uracilo é degradada, de modo que quase todo o ADN resultante consiste na cadeia mutada.

❖ **Mutagénese de cassetes**

Ao contrário de outros métodos, a mutagénese em cassete não necessita de envolver a extensão de primers utilizando a ADN polimerase. Neste método, um fragmento de ADN é sintetizado e depois inserido num plasmídeo[67]. Envolve a clivagem por uma enzima de restrição num local do plasmídeo e a subsequente ligação de um par de oligonucleótidos complementares contendo a mutação no gene de interesse para o plasmídeo. Normalmente, as enzimas de restrição que cortam o plasmídeo e o oligonucleótido são as mesmas, permitindo que as extremidades pegajosas do plasmídeo e do inserto se liguem uma à outra. Este método pode gerar mutantes com uma eficiência próxima de 100%, mas é limitado pela disponibilidade de sítios de restrição adequados que flanqueiem o sítio a ser mutado.

❖ **Mutagénese dirigida ao local da PCR**

A limitação dos locais de restrição na mutagénese em cassete pode ser ultrapassada utilizando a reação em cadeia da polimerase com "iniciadores" de oligonucleótidos, de modo a que possa ser gerado um fragmento maior, abrangendo dois locais de restrição convenientes. A amplificação exponencial na PCR produz um fragmento que contém a mutação desejada em quantidade suficiente para ser separado do plasmídeo original, não mutado, por eletroforese em gel, que pode então ser inserido no contexto original utilizando técnicas padrão de biologia molecular recombinante. Existem muitas variações da mesma técnica. O método mais simples coloca o local da mutação numa das extremidades do fragmento, pelo que um dos dois oligonucleótidos utilizados para gerar o fragmento contém a mutação. Isto envolve um único passo de PCR, mas continua a ter o problema inerente de exigir um local de restrição adequado perto do local da mutação, a menos que seja utilizado um iniciador muito longo. Outras variações, portanto, empregam três ou quatro oligonucleótidos, dois dos quais podem ser oligonucleótidos não mutagénicos que cobrem dois locais de restrição convenientes e geram um fragmento que pode ser digerido e ligado a um plasmídeo, enquanto o oligonucleótido mutagénico pode ser complementar a um local dentro desse fragmento bem longe de qualquer local de restrição conveniente. Estes métodos requerem várias etapas de PCR para que o fragmento final a ser ligado possa conter a mutação desejada. O processo de conceção para gerar um fragmento com a mutação pretendida e os locais de restrição relevantes pode ser complicado. Ferramentas de software como o SDM-Assist[68] podem simplificar o processo.

❖ **Mutagénese de plasmídeos inteiros**

Para as manipulações de plasmídeos, outras técnicas de mutagénese dirigida ao local foram suplantadas em grande medida por técnicas altamente eficientes, mas relativamente simples, fáceis de utilizar e comercialmente disponíveis sob a forma de kit. Um exemplo destas técnicas é o método Quikchange,[169]] em que um par de iniciadores mutagénicos complementares é utilizado para amplificar todo o plasmídeo numa reação de termociclagem utilizando uma polimerase de ADN de alta fidelidade e sem deslocamento de cadeia, como a polimerase *pfu*. A reação gera um ADN circular cortado. O ADN molde deve ser eliminado por digestão enzimática com uma enzima de restrição, como a *DpnI*, que é específica para o ADN metilado. Todo o ADN produzido pela maioria das estirpes de *Escherichia coli* seria metilado; o plasmídeo modelo que é biossintetizado em *E. coli* será, por conseguinte, digerido, enquanto o plasmídeo mutado, que é gerado *in vitro* e, por conseguinte, não é metilado, não seria digerido. Note-se que, nestes métodos de mutagénese de plasmídeo de cadeia dupla, embora possa ser utilizada a reação de termociclagem, o ADN não precisa de ser amplificado exponencialmente como numa PCR. Em vez disso, a amplificação é linear, pelo que é incorreto descrevê-los como uma PCR, uma vez que não há reação em cadeia.

Note-se que a *pfu* polimerase pode deslocar a cadeia a uma temperatura de extensão mais elevada (>70 °C), o que pode resultar no fracasso da experiência, pelo que a reação de extensão deve ser realizada à temperatura recomendada de 68 °C. Em algumas aplicações, observou-se que este método conduz à inserção de múltiplas cópias de iniciadores.[170]] Uma variação deste método, denominada SPRINP, evita este artefacto e tem sido utilizada em diferentes tipos de mutagénese dirigida ao local[71].

❖ Métodos de mutagénese dirigida ao local in vivo

❖ *Delitto perfetto* [72]

é uma técnica genética para a mutagénese *in vivo* dirigida ao local de implantação em leveduras. Este nome é o termo italiano para "assassínio perfeito" e refere-se à capacidade da técnica para criar as alterações genéticas desejadas sem deixar qualquer ADN estranho no genoma.

(1) Antecedentes

Esta técnica foi desenvolvida por um grupo do National Institute of Environmental Health Sciences (NIEHS) composto por Michael A. Resnick, Francesca Storici (atualmente no Georgia Institute of Technology) e L. Kevin Lewis (atualmente na Southwest Texas State University). O método utiliza oligonucleótidos sintéticos em combinação com o processo celular de recombinação homóloga. Consequentemente, é adequado para a manipulação genética da levedura, que tem uma recombinação homóloga altamente eficiente. A abordagem *delitto perfetto* tem sido utilizada para produzir mutações pontuais simples e múltiplas, truncamentos ou inserções de genes e deleções de genes inteiros (incluindo genes essenciais).

(2) Vantagens

A principal vantagem desta técnica é a sua capacidade de eliminar qualquer ADN estranho do genoma após o processo de mutagénese. Isto assegura que não restem no genoma marcadores seleccionáveis ou sequências exógenas utilizadas para a seleção de alvos que possam causar efeitos imprevistos.

A técnica *delitto perfetto* é também mais simples em comparação com outros métodos de mutagénese *in vivo* dirigida ao local. Outros métodos requerem várias etapas de clonagem e sequenciação extensiva do ADN para confirmar a mutagénese, o que é frequentemente um processo complicado e ineficaz. 3 4[71][75]

Existe uma grande flexibilidade nesta abordagem porque, após a inserção da cassete CORE (ver descrição geral do método para mais pormenores), podem ser efectuadas, fácil e rapidamente, múltiplas mutações no gene de interesse.

Este método pode ser aplicado a outros organismos onde a recombinação homóloga é eficiente, como o musgo *Physcomitrella patens*, células de galinha DT40 ou *E. coli*. Além disso, os genes humanos podem ser estudados e manipulados geneticamente de forma semelhante na levedura, utilizando cromossomas artificiais de levedura (YACs).

(3)Desvantagens

Uma vez que a técnica *delitto perfetto* se baseia na recombinação homóloga, este processo deve ser funcional nas células para que a técnica funcione. Em *Saccharomyces cerevisiae*, o gene *RAD52* é essencial para a recombinação homóloga e, portanto, é necessário para o método *delitto perfetto*.

O método é útil apenas para aplicações em que não são necessários marcadores seleccionáveis. Por exemplo, as estirpes de levedura mutagenizadas não podem ser utilizadas para análises genéticas posteriores, como a análise de tétrades. Os marcadores teriam de ser inseridos no locus apropriado num processo separado.

Desvantagens técnicas

- Custo dos oligonucleótidos

- A mutagénese é limitada à região do genoma que circunda a cassete inserida

- Número limitado de genes repórter (restringido pelas cassetes CORE disponíveis)

- Baixa eficiência para certas aplicações (por exemplo, supressão de genes essenciais) **(4) Resumo do método**

O Delitto Perfetto é um método em duas etapas para a mutagénese *in vivo*. Na etapa inicial, a cassete CORE é inserida na região de interesse por recombinação homóloga. Subsequentemente, a cassete CORE é substituída por ADN que contém a mutação de interesse.

Tabela 2. Cassetes CORE para *Delitto Perfetto*.

CORE Cassette Components

COunterselectable Marker	REporter gene	Additional	Features

Table 1: CORE Cassettes Available

COunter Selectable Marker	REporter Gene	Additional Features
KlURA3	kanMX4	none
KlURA3	hyg	none
Gal1/10-p53	kanMX4	none
Gal1/10-p53	hyg	none
KlURA3	kanMX4	GAL1-I-Scel and recognition site
KlURA3	hyg	GAL1-I-Scel and recognition site

Cassetes CORE

A cassete CORE contém um marcador **selecionável COunter** e um gene **REporter**. O gene repórter permite a seleção de células de levedura que recebem a cassete CORE durante a primeira etapa do processo. O marcador contra-selecionável permite a seleção de células de levedura que perdem a cassete CORE através da integração do oligonucleótido mutado durante a segunda etapa do processo.

Há uma variedade de cassetes CORE à escolha, que contêm uma variedade de genes repórteres, marcadores de contra-seleção e características adicionais[76].

Genes repórteres

- *kanMX4* - permite o crescimento em meios que contêm Geneticina

- *hyg* - permite o crescimento em meios que contêm higromicina B.

Marcadores seleccionáveis por contador

- *KlURA3* - impede o crescimento em meios que contenham ácido 5-fluorótico.

- *GAL1/10-p53* - impede o crescimento em meios que contêm galactose. Codifica um mutante tóxico de p53 sob um promotor *GAL1*[77].

Características adicionais

- *GAL1 -I-SceI* - Aumenta a eficiência do direcionamento para o cromossoma que contém a cassete CORE em células diplóides. Contém a endonuclease de restrição SceI sob o promotor *GAL1* e a sequência-alvo SceI.[78][79]

(5) Considerações gerais sobre a conceção de oligonucleótidos

Os oligonucleótidos de 80-100 pb podem ser gerados como moléculas únicas ou pares de oligonucleótidos completamente sobrepostos ou parcialmente sobrepostos. O tipo de oligonucleótido recomendado depende do tipo de mutação e da distância do local de integração da cassete CORE a que se pretende efetuar a mutação.

Figura 2. Visão geral do *Delitto Perfetto* para a eliminação de genes .

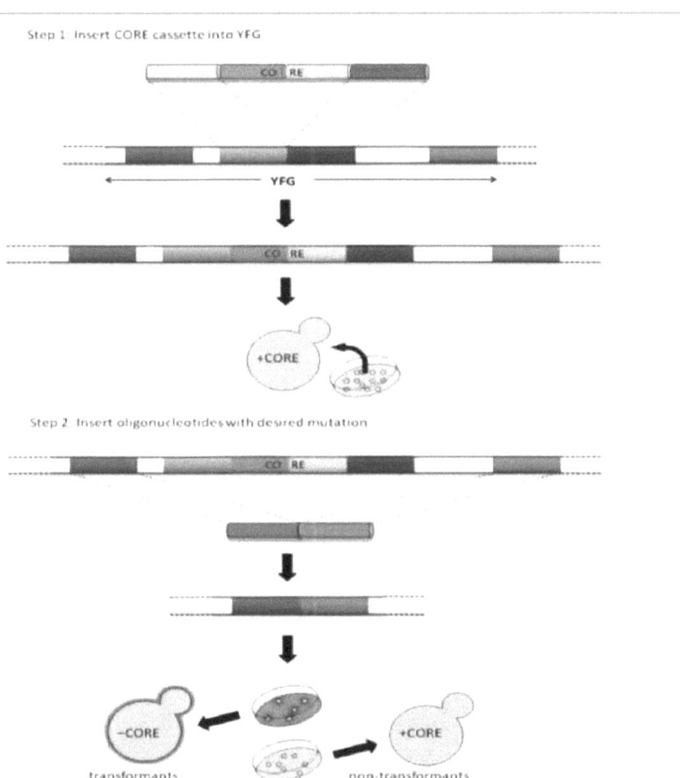

Delitto perfetto para deleções de genes

São concebidos oligonucleótidos que contêm a sequência a montante imediatamente seguida da sequência a jusante da região a eliminar. Para as deleções de genes, pares de oligonucleótidos de 80-100 pb totalmente sobrepostos conduzem a um aumento de 5-10 vezes na eficiência da transformação do que oligonucleótidos simples. [75] [80]

Delitto perfetto para mutações pontuais

Para mutações a 20-40 pb da cassete CORE, recomenda-se a utilização de oligonucleótidos de 80-100 pb totalmente sobrepostos. Para mutações superiores a

40 pb da cassete CORE, devem ser utilizados oligonucleótidos parcialmente sobrepostos. Para aumentar a sua eficiência de transformação, recomenda-se que os

oligonucleótidos parcialmente sobrepostos sejam prolongados *in vitro*.[72][74][81]

Delitto perfetto **para genes essenciais**

Para gerar mutantes de genes essenciais, a cassete CORE pode ser inserida a jusante do gene de interesse, o que, no entanto, limita as regiões do gene disponíveis para mutação. Em alternativa, podem ser utilizadas células diplóides. No entanto, a utilização de um diploide diminui a eficiência do direcionamento dos oligonucleótidos devido à presença de duas localizações cromossómicas adequadas para a recombinação dos oligonucleótidos. Para resolver este inconveniente, pode ser utilizado o método delitto perfetto mediado por DSB. Este método aumenta a frequência da recombinação homóloga direccionada em 700 vezes, em comparação com o método que não gera DSB. Além disso, é 2-5 vezes mais eficiente do que outros métodos disponíveis.[79][82]

- Transposição "pop-in pop-out"

- Deleção direta de genes e mutagénese específica do local com PCR e um marcador reciclável

- Deleção direta de genes e mutagénese específica do local com PCR e um marcador reciclável utilizando regiões homólogas longas

- Mutagénese *in vivo* dirigida ao local com oligonucleótidos sintéticos.

1.2.3 Mutagénese combinatória

A mutagénese combinatória é uma técnica que permite selecionar um grande número de mutantes para uma determinada caraterística. Nesta técnica, algumas posições seleccionadas ou um pequeno trecho de ADN podem ser exaustivamente modificados para obter uma biblioteca completa de proteínas mutantes. Uma abordagem desta técnica consiste em excisar uma porção de ADN e substituí-la por uma biblioteca de sequências contendo todas as combinações possíveis nos locais de mutação desejados.

O segmento pode situar-se num local ativo de uma enzima, ou em sequências com significado estrutural ou propriedade imunogénica. No entanto, um segmento pode também ser inserido aleatoriamente no gene, a fim de avaliar o significado estrutural ou funcional de uma parte específica da proteína.

1.2.4 Mutagénese de inserção

Na investigação sobre o cancro, as mutações artificiais também fornecem informações mecanicistas sobre o desenvolvimento da doença[83]. A mutagénese insercional utilizando transposões, retrovírus como o vírus do tumor mamário do ratinho e o vírus da leucemia murina pode ser utilizada para identificar genes envolvidos na carcinogénese e para compreender as vias biológicas de um cancro específico. Várias técnicas de mutagénese insercional podem também ser utilizadas para estudar a função de um determinado gene.

1.2.5 Recombinação homóloga

A recombinação homóloga pode ser utilizada para produzir uma mutação específica num organismo. O vetor que contém uma sequência de ADN semelhante ao gene a modificar é introduzido na célula e, por um processo de recombinação, substitui o gene alvo no cromossoma. Este método pode ser utilizado para introduzir uma mutação ou anular um gene, por exemplo, tal como é utilizado na produção de ratinhos anulados.[84][85]

1.3 Mutagénese marcada com assinatura na análise genética funcional de agentes patogénicos gastrointestinais **A mutagénese marcada com assinatura (STM)** é uma técnica genética utilizada para estudar a função dos genes. Os recentes avanços na sequenciação do genoma permitiram-nos catalogar uma grande variedade de genomas de organismos, mas a função dos genes que contém é ainda largamente desconhecida. Utilizando a STM, a função do produto de um determinado gene pode ser inferida desactivando-o e observando o efeito no organismo. A utilização original e mais comum da STM é descobrir quais os genes de

um agente patogénico que estão envolvidos na virulência do seu hospedeiro, para ajudar ao desenvolvimento de novas terapias/medicamentos.

O gene em questão é inactivado por mutação insercional; é utilizado um transposão que se insere na sequência genética. Quando esse gene é transcrito e traduzido numa proteína, a inserção do transposão afecta a estrutura da proteína e (em teoria) impede o seu funcionamento. Na STM, os mutantes são criados através da inserção aleatória de transposões e cada transposão contém uma sequência de "etiqueta" diferente que o identifica de forma única.

Se uma bactéria mutante insercional apresentar um fenótipo de interesse, como a suscetibilidade a um antibiótico ao qual era anteriormente resistente, o seu genoma pode ser sequenciado e procurado (utilizando um computador) por qualquer um dos marcadores utilizados na experiência. Quando uma etiqueta é localizada, o gene que interrompe também é localizado (residirá algures entre um códão de início e de paragem que marca os limites do gene).

A STM pode ser utilizada para descobrir quais os genes críticos para a virulência de um agente patogénico, injectando um "pool" de diferentes mutantes aleatórios num modelo animal (por exemplo, um modelo de infeção de ratinho) e observando quais dos mutantes sobrevivem e proliferam no hospedeiro. Os agentes patogénicos mutantes que não *sobrevivem* no hospedeiro devem ter um gene inactivado, necessário para a virulência. Por conseguinte, este é um exemplo de um método de seleção negativa.

A abordagem é particularmente adequada para a análise genética funcional da fase gastrointestinal da infeção em agentes patogénicos de origem alimentar e tem a capacidade de orientar o desenvolvimento de novas vacinas e terapêuticas. Nesta revisão, descrevemos os princípios técnicos subjacentes à mutagénese marcada com assinatura, bem como novas abordagens baseadas na sequenciação para a identificação de mutantes de transposão, como a TraDIS (sequenciação de sítios de inserção dirigida por transposão). Apresentamos também uma análise dos rastreios realizados em agentes patogénicos gastrointestinais que constituem um problema de saúde global

(*Escherichia coli, Listeria monocytogenes, Helicobacter pylori, Vibrio cholerae e Salmonella enterica*). É discutida a identificação dos principais loci de virulência através da utilização de mutagénese marcada com assinatura em ratinhos e em modelos animais de maior dimensão relevantes. [86][89]

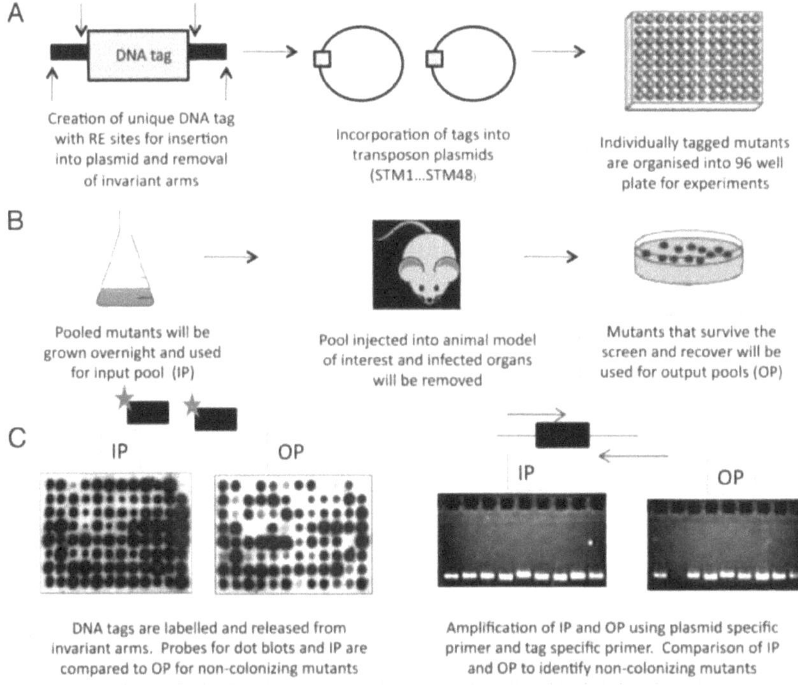

Figura 3: análise paralela de estirpes mutantes das bactérias patogénicas de interesse :

(A) Descrição geral do modo como as marcas de ADN são transformadas no plasmídeo do transposão e utilizadas para criar um banco de mutantes marcados individualmente. (B) Os mutantes marcados de forma diferente são agrupados no pool de entrada (IP) e cultivados durante a noite, sendo depois utilizados para infetar o modelo animal de interesse (ratinho) e os mutantes que sobrevivem à infeção são recuperados dos órgãos de interesse e utilizados como pool de saída (OP). (C) A deteção dos pools IP e OP pode ser efectuada por diferentes métodos, sendo a técnica original a dot blots. As etiquetas de ADN são utilizadas para criar uma sonda de hibridação para IP e OP e os resultados são comparados para detetar mutantes não colonizadores. Um método mais recente de deteção de mutantes não colonizadores é a PCR. As etiquetas de ADN são amplificadas utilizando um iniciador para o plasmídeo e um iniciador específico para a etiqueta. Mais uma vez, o IP e o OP são comparados para identificar mutantes não colonizadores.

Para qualquer agente patogénico bacteriano, há vários parâmetros críticos que devem ser seguidos para garantir um rastreio STM eficiente in vivo. **Em primeiro lugar**, o transposão escolhido deve inserir-se aleatoriamente no cromossoma, uma propriedade que varia consoante o transposão. Verificou-se anteriormente que o sistema de transposão *Tn917* utilizado em *Listeria monocytogenes* tem tendência para a formação de pontos quentes, o que não acontece com o sistema de transposão marnier pJZ037, recentemente desenvolvido.[90H91] **Em segundo lugar**, a dimensão do pool deve ser determinada em função da dose de inóculo (normalmente, esta varia entre 48-96 mutantes por pool). **Por último,** deve ser estabelecida a via de administração e a dose infetante, bem como o melhor período de tempo para avaliar uma possível atenuação da virulência.

As principais vantagens deste sistema, em comparação com outros métodos clássicos de inativação de genes (orientados ou aleatórios), é que o STM é um rastreio de seleção negativa que permite a descoberta de genes de virulência sem conhecimento prévio da sua natureza ou função.[92],[93] Em segundo lugar, uma vez que um grande número de mutantes pode ser analisado em simultâneo (até 96), este método é, em princípio, muito mais rápido e exaustivo na identificação de factores de virulência do que os sistemas de transposão normais. A desvantagem deste sistema é o facto de se limitar a encontrar genes não essenciais (ou seja, genes não necessários para o crescimento em caldo). Além disso, alguns marcadores de ADN não podem ser amplificados a partir do ADN cromossómico das bactérias após a recuperação do hospedeiro animal. A razão para este facto não é conhecida, mas pode resultar em perda de reprodutibilidade e na identificação de falsos negativos.

Este problema pode ser ultrapassado reorganizando os candidatos num novo grupo que é depois submetido a um novo rastreio no animal. Embora este processo possa ser moroso, reduz o número de candidatos falso-negativos. Outro inconveniente encontrado no STM é a questão do enviesamento, revelada pelo facto de os rastreios publicados anteriormente terem encontrado repetidamente os mesmos candidatos[94]. O enviesamento presente num rastreio STM pode dever-se a muitos factores diferentes, como a escolha do modelo animal, o modo de infeção e o órgão-alvo. Esta redundância pode também dever-se ao facto de os transposões não se inserirem de forma absolutamente aleatória. Por último, os rastreios STM in vivo não discriminam entre genes essenciais para o crescimento em modelos celulares e genes que são dispensáveis.

Apesar destas dificuldades experimentais, a STM tem sido aplicada com êxito a muitos agentes patogénicos diferentes, bem como a fungos patogénicos, *S. cerevisiae* e toxoplasmasa.[187],[188]] Nesta análise, centrar-nos-emos nos exames STM associados a infecções gastrointestinais (GI). As doenças gastrointestinais são um problema de saúde pública global e, no mundo desenvolvido, são geralmente autolimitadas, mas têm um peso económico considerável.[195]] No mundo em desenvolvimento, as infecções gastrointestinais, em particular as doenças diarreicas, continuam a ser a terceira causa de morte mais comum em crianças com menos de 5 anos de idade[96]. Um exemplo de uma doença deste tipo é a infeção por *Salmonella enterica* serovar Typhi (febre tifoide), que provoca mais de 2 milhões de infecções por ano, levando a cerca de 200 000 mortes.][197]

Tabela 3. Resumo dos estudos STM em bactérias GI:

Bacteria	Animal Model	Inoculation route	Pool size	No of attenuated mutants	Reference
L. monocytogenes	Mouse: Liver, spleen	IP	96	2000	96
	Mouse: Brain	IV	48	2000	15
	Mouse: Liver, spleen	IP	96	2000	100
	Mouse: Liver	IV	48	4176	4
E. Coli	Calf: Feces, Colon	Oral	95	570	47
	Calf: Feces	Oral	95	2850	46
C. rodentium	Mouse: Colon	Oral	48	576	49,50
	Mouse: Colon	Oral	48	576	48
H. pylori	Gerbil: Stomach	Intra-gastric	24	960	26
C. jejuni	Chicken: Ceca	Oral	14	700	59
	Chicken: Cecal	Oral	82	246	61
S. enterica	Pig: Ilea mucosa	Oral	95	1045	81
	Calf: Ilea, Liver	Oral	36	180	110
	Spleen, MLN				
	Pig: MLN	IN	48	960	111
	Chicken: Spleen	Oral	12	1152	112
	Calf: Ilea	Oral	95	190	80
	Chicken: Ceca	Oral	95	285	80
	Pig: MLN	Oral	45	45	113
	Mouse: Spleen	IP	1000	1000	86
V. cholerae	Mouse: Small intestine	Oral	48	1100	29
V. cholerae	Mouse: Small intestine	Oral	96	9600	37

IP, intraperitoneal; IV, intravenous; IT, intratracheal; IN, intranasal; MLN, mesenteric lymph nodes

Os agentes patogénicos bacterianos desenvolveram vários sistemas intrincados para escapar à deteção pela resposta imunitária e para contornar as tensões que podem encontrar no trato gastrointestinal (pH, tensão osmótica, tensão biliar e ácida)[98]-[100]

Após a ingestão, a primeira tensão física com que a bactéria se depara é o pH baixo do estômago (pH 2), seguido do aumento da osmolaridade da parte superior do intestino delgado (equivalente a 0,3 M de NaCl) e, no duodeno, da atividade antimicrobiana do detergente biológico bílis (1 L de bílis é produzido no fígado, armazenado interdigestivamente na vesícula biliar).3 M de NaCl) e, no duodeno, a atividade antimicrobiana do detergente biológico bílis (1 L de bílis é produzido no fígado, armazenado interdigestivamente na vesícula biliar e segregado no duodeno todos os dias).[10ª A STM é uma ferramenta importante para ajudar a compreender como os agentes patogénicos bacterianos conseguem sobreviver a estas barreiras físicas e químicas e causar infecções localizadas e sistémicas no hospedeiro humano.

1.3.1 *Helicobacter pylori*

A H. pylori representa um importante agente patogénico que coloniza a mucosa gástrica e resulta numa resposta inflamatória aguda, danificando o epitélio gástrico. A inflamação pode progredir para vários estados de doença, desde a gastrite superficial, a gastrite atrófica crónica, a ulceração por péptidos até ao linfoma associado e ao cancro gástrico[102]. *O H. pylori foi* designado como agente cancerígeno de classe I pela Organização Mundial de Saúde (OMS).

A STM constitui uma ferramenta importante para compreender os genes necessários para a adaptação específica do agente patogénico à mucosa gástrica.[1103]] Utilizando uma abordagem STM, Kavermann e colegas analisaram 960 mutantes de transposão independentes quanto à sua capacidade de colonizar o estômago do gerbo 21 d após a infeção. No total, identificaram 47 genes que são essenciais para a colonização gástrica[92]. Uma grande proporção dos genes cruciais para a colonização consistia em genes associados à quimiotaxia bacteriana, motilidade, adesões e produção de LPS[99]. O gene *hp0169* tem homologia de sequência com PrtC de *Porphyromonas gingivalis*, que funciona como uma metalo-protease dependente de Ca^{2+} com atividade colagenolítica. A estirpe mutante produziu metade da atividade proteolítica que o tipo selvagem e foi incapaz de degradar o colagénio. O colagénio tipo I e III são componentes importantes da matriz extracelular do epitélio do estômago.

Além disso, o colagénio de tipo I está presente na área em redor das úlceras gástricas e é importante para o processo de cicatrização das úlceras.[^Kaverinanii e colegas sugerem que a secreção de uma enzima de degradação do colagénio pela *H. pylori* poderia ser responsável pela persistência da ulcerogénese gástrica ou duodenal e pelo atraso no processo de cicatrização.

1.3.2 *Vibrio cholerae*

A cólera é uma doença diarreica aguda que se caracteriza pela descarga de fezes volumosas de água de arroz causada por estirpes toxigénicas de *Vibrio cholerae*[105]. O agente patogénico entra no hospedeiro através da via oral de infeção, atravessa a barreira do ácido gástrico do estômago e coloniza o intestino delgado. Uma vez estabelecida neste nicho, a bactéria começa a produzir a toxina da cólera (TC), que é responsável pela doença diarreica caraterística da cólera[106]. A doença diarreica que se segue pode levar à morte por desidratação poucas horas após a infeção. Os serogrupos de *V. cholerae* O1 e O139 que produzem a toxina da cólera (CT) são os principais responsáveis pelos surtos de cólera que podem causar estragos em regiões altamente povoadas da Ásia, África e América Latina.

O V. cholerae O1 divide-se ainda em biótipos El Tor e clássico. A atual pandemia de cólera, que teve início em 1961, é causada pelo biótipo O1 El Tor.

Foi construído um banco de STM na estirpe C6709-1 de *V. cholerae* El Tor para identificar genes essenciais para a colonização num modelo de infeção em ratinhos.[107] No total, foram analisados 1100 mutantes em grupos de 48 mutantes e, após 21-24 h, os intestinos delgados foram removidos e utilizados para identificar mutantes não colonizadores. O rastreio inicial identificou 51 estirpes atenuadas para a colonização e estas foram posteriormente testadas num ensaio de competição em ratos infantis para confirmar este fenótipo. Destas 51 estirpes, apenas 23 mostraram um defeito de colonização significativo[108]. Cinco destas estirpes correspondiam a genes presentes no operão pilus co-regulado por toxina (*tcp*), que se mostrou anteriormente crítico para a colonização[10][9-][110].

Os restantes isolados apresentavam mutações em genes envolvidos nos genes de biossíntese de LPS, biotina ou purina. Registaram-se 4 mutações no gene de biossíntese de LPS *rfbL*. Embora se saiba que as alterações no LPS causam uma redução tanto na virulência como na colonização, essa pode não ser a única razão pela qual este mutante é defeituoso na colonização.[111][112] O gene *rfbL* está localizado numa região de 20 kb que contém vários genes envolvidos na formação de antigénio O e uma mutação nesta região também parece causar a paragem da translocação de TcpA, que é importante para a colonização do modelo de ratinho bebé.[113][114]

Havia várias mutações em genes envolvidos na biossíntese de purina; *purD*, *purH* e *purK* e uma na biossíntese de biotina (*bioB*). Estes mutantes eram auxotróficos em meios mínimos e só eram capazes de crescer quando suplementados com purina ou biotina. Isto indica que a purina e a biotina são limitantes no intestino do ratinho bebé.

Foi efectuado um segundo rastreio STM mais abrangente na estirpe N16961 de *V. cholerae* El Tor. Esta estirpe tem uma capacidade de colonização melhorada em comparação com a estirpe C6709-1.[115] De facto, Merrell e colegas recuperaram de forma reprodutível 10 vezes mais bactérias utilizando a estirpe N16961 em comparação com a estirpe C6709-1 no modelo de infeção de ratinhos infantis, o que lhes permitiu realizar um rastreio muito maior utilizando 96 mutantes marcados individualmente por grupo. No total, foram analisados 9600 mutantes para atenuação em ratinhos bebés e 1026 mutantes mostraram uma capacidade reduzida de infetar ratinhos.

Estes 1026 mutantes foram reagrupados em 22 pools secundários de 3050 estirpes STM e submetidos a um novo rastreio no mesmo modelo de infeção do ratinho em aleitamento. Isto revelou 251 estirpes que continuavam a ser incapazes de colonizar o intestino delgado. Apenas o local de inserção do transposão foi identificado em 164 estirpes, uma vez que as restantes mutações eram integrações de plasmídeos e exigiriam clonagem para detetar o local de integração. Para determinar o modo como estas mutações podem afetar a sobrevivência no hospedeiro, foram construídos pools atenuados em termos de virulência (VAP) e analisados quanto à tolerância ao ácido (como um stress associado in vivo). Utilizando este método, foram identificados nove mutantes que eram essenciais para a colonização e a sobrevivência em condições de stress ácido.

Um desses mutantes identificados neste rastreio é um homólogo de *gshB,* que codifica a enzima glutatião sintase (GSH) e catalisa o passo final da síntese de glutatião. Uma publicação anterior demonstrou que uma mutação na *gshB* em *Rhizobium leguminosarum* era incapaz de regular o pH intracelular, levando à acumulação de $K+$ intracelular.

No entanto, este rastreio foi o primeiro a associar a redução da colonização e a diminuição da sobrevivência em ácidos orgânicos a uma mutação *gshB* em *V. cholerae.* Um fator de virulência adicional que se revelou importante na colonização e na resposta de tolerância aos ácidos foi um homólogo da HepA. HepA foi originalmente identificada em *E. coli* como uma proteína que co-purificava com a RNA polimerase e inibia a ligação de sigma 70.[116] Uma mutação neste gene em *E. coli* leva a um aumento da sensibilidade aos danos causados pelos raios UV.[118] Pensa-se que o stress ácido causa danos no ADN e se HepA for necessária para a síntese das enzimas de reparação do ADN, isso estabeleceria uma ligação entre as duas funções. Ambas as mutações resultaram numa diminuição de 1000 vezes na colonização, o que significa a importância de ambos os genes no modelo do ratinho bebé.

Uma descoberta interessante deste rastreio é que mais de 20% dos genes identificados no rastreio desempenham um papel no metabolismo energético. Isto indica que o ambiente no intestino delgado do ratinho em aleitamento é limitado em termos de nutrientes. Por conseguinte, para sobreviver neste ambiente, *o V. cholerae* tem de utilizar ativamente múltiplas vias para a aquisição de fontes de energia e a sobrevivência.

1.3.3 *Escherichia coli*

A E. coli é um membro comum das bactérias comensais do intestino grosso, no entanto, algumas estirpes têm a capacidade de causar doenças. A *E. coli* enterohemorrágica (EHEC) é conhecida por causar doenças em humanos associadas a diarreia e colite hemorrágica. ιιι71[119] EHEC serotipo O157:H7 surgiu como uma das principais causas de diarreia grave em todo o mundo e a EHEC é o principal predecessor da insuficiência renal aguda pediátrica em muitos países.[120],[121] Os ruminantes saudáveis são o principal reservatório de EHEC e as infecções humanas ocorrem através da ingestão de carne contaminada ou de produtos lácteos contaminados com fezes de ruminantes.[122],[123] Para aumentar o conhecimento dos factores de EHEC associados à colonização de bovinos, foi criado um banco de mutantes STM em fundo O157:H7.[424] Um total de 1900 mutantes foi analisado através da inoculação oral de vitelos com 10-14 dias de idade, com recuperação do pool de saída 5 dias após a infeção. 79 mutantes foram identificados como ausentes ou mal representados no pool de saída. Todos os genes foram agrupados de acordo com a sua função e consistiram em genes envolvidos em TTSS, estrutura de superfície, ilhas O, genes reguladores, genes envolvidos no metabolismo intermediário central e genes hipotéticos. Treze transposões foram inseridos em genes no locus do apagamento de enterócitos (LEE). LEE codifica um TTSS necessário para a formação de lesões de fixação e apagamento nos epitélios intestinais. Os seus dados demonstraram que o componente estrutural do TTSS *escC* desempenha um papel vital na colonização dos vitelos, uma vez que este mutante foi altamente atenuado após a infeção oral dos vitelos.

Esta foi a primeira vez que os componentes estruturais do TTSS foram implicados na colonização do intestino do bezerro. Além disso, este trabalho demonstrou que a colonização do intestino bovino requer múltiplos elementos não associados ao LEE. As suas evidências sugerem que um novo locus fimbrial (*z2199-z2206*) desempenha uma função importante na colonização intestinal. Este foi o primeiro estudo exaustivo a elucidar os genes requeridos pela *E. coli* O157:H7 para a infeção do intestino de bovinos e esta nova informação pode ser utilizada para facilitar o desenvolvimento de estratégias que possam ajudar no controlo da EHEC no reservatório de ruminantes.

Outro estudo STM investigou a capacidade de uma estirpe EHEC O26:H⁻ para colonizar o intestino dos bovinos[125]. Esta estirpe foi analisada porque se acreditava que esta estirpe não-O157:H7 poderia colonizar o intestino dos bovinos através de um mecanismo diferente. No total, foram examinadas 570 mutações em seis vitelos e 84 mutações estavam ausentes ou mal representadas nos pools de saída aos 5 dias após a infeção. Tal como com a estirpe O157:H7, os mutantes LEE foram identificados como desempenhando um papel na infeção e colonização do intestino.

Uma descoberta interessante foi o papel das fímbrias na colonização por EHEC O26:H⁻. As fímbrias são apêndices da superfície celular amplamente utilizados pelas bactérias para se fixarem aos tecidos do hospedeiro durante a infeção. No entanto, a expressão aumentada de fímbrias de tipo I devido a uma mutação *fimE* foi prejudicial para a persistência de EHEC O26:H⁻ in vivo. Pensa-se que isto pode dever-se a um maior desencadeamento de respostas imunitárias inatas no hospedeiro, levando a uma eliminação mais rápida do mutante do trato intestinal. [126]

Van Diemen e colegas também demonstraram que certas citotoxinas desempenham um papel na colonização em EHEC O26:H⁻ [47]. O rastreio STM em EHEC O26:H⁻ demonstrou que uma inserção em *exhA*, que codifica uma enterohemolisina, atenua significativamente a virulência.

Além disso, foi também identificada uma mutação na *pssA* neste rastreio STM. PssA codifica uma serina protease que é citotóxica para as células VERO e pertence ao grupo de proteínas SPATE (serina protease autotransportadores de Enterobacteriaceae) cujo papel na patogénese não está totalmente elucidado. Esta descoberta é a primeira prova direta que demonstra um papel das proteínas SPATE na colonização intestinal de vitelos por EHEC.

1.3.4 *Salmonella enterica*

A S. enterica é um agente patogénico intracelular facultativo dos animais e dos seres humanos. Existem mais de 2 400 serovares que podem ser divididos em três grandes classes, com base na sua especificidade em relação ao hospedeiro[127]. A S. *enterica* Typhimurium causa gastroenterite nos seres humanos, mas nos ratinhos provoca uma infeção sistémica após uma infeção oral. Nos ratinhos, a bactéria propaga-se para as células do sistema reticuloendotelial (RE) e, por conseguinte, replica a febre tifoide humana. *A S. typhimurium* foi a primeira bactéria utilizada num rastreio STM. Foi escolhida para a prova de princípio da STM devido aos seus excelentes sistemas genéticos e modelos animais bem validados. O rastreio STM original identificou uma nova ilha de patogenicidade, a SPI-2[74] . A SPI-2 só foi identificada devido ao seu papel na infeção disseminada. O SPI-2 codifica um sistema de secreção de tipo três (TTSS) que é necessário para a replicação intracelular e a infeção sistémica[128]. Além disso, foi demonstrado que os genes SPI-2 estão envolvidos na sobrevivência da Salmonella nos macrófagos e desempenham um papel na prevenção da morte dependente da NADPH oxidase[129]"[ ].[129]'[130]] Recentemente, os mutantes SPI-2 foram incluídos em vacinas vivas atenuadas de *S. typhi* e *S. typhimurium*, o que indica que a STM conduziu da prova de princípio até potenciais aplicações clínicas.[131],[132]

Como já foi referido, a *S. typhimurium* pode colonizar uma série de hospedeiros diferentes e a STM tem sido utilizada para tentar elucidar tanto os factores de virulência específicos da espécie como os factores de colonização comuns, para permitir uma melhor compreensão da forma como esta bactéria é capaz de infetar uma tão grande variedade de nichos diferentes. Um banco anterior de STM *mini-Tn5Km2* foi utilizado para selecionar mutantes com vista a uma virulência atenuada em vitelos e pintos.[133]] A infeção por *S. typhimurium* em vitelos resulta em enterocolite seguida de infeção sistémica, enquanto que a infeção de pintos com 2 semanas de idade resulta em colonização cecal assintomática. O rastreio STM nos vitelos recuperou mutantes 3-5 dias após a infeção a partir da mucosa ileal, enquanto nos pintos os mutantes foram recuperados a partir de cecos homogeneizados 4 dias após a infeção. No total, foram analisados 1045 mutantes em ambos os hospedeiros. Dos mutantes analisados, 75 foram associados à atenuação nos vitelos, 61 foram associados à atenuação apenas nos pintos e 52 mutantes foram atenuados em ambas as espécies.

Uma grande proporção (n = 40) dos genes mutados estava dentro das ilhas de patogenicidade da Salmonella (SPIs 1-5). Todos os mutantes com uma inserção de transposão na SPI-1 ou SP1-2 foram deficientes na colonização do modelo de vitelo, mas apenas 3/32 destes mutantes SPI resultaram numa fraca colonização do ceco do pinto. Isto sugere que S. *typhimurium* é muito menos dependente de TTSS-1 e TTSS-2 para colonizar os intestinos de pintos em comparação com os de bezerros^34] Além disso, verificou-se que o SPI-4 é necessário para a colonização do íleo de vitelos, mas não para a colonização cecal de galinhas. Vários genes requeridos para a produção de LPS foram identificados por esta triagem in vivo como sendo atenuados em ambos os modelos de colonização de bezerros e pintinhos. Considera-se que o LPS desempenha um papel na proteção das bactérias contra os mecanismos de defesa do hospedeiro, como os sais biliares, a acidez gástrica e os fagócitos. O papel exato do LPS na virulência da Salmonella ainda não é conhecido, mas tem claramente uma função importante na colonização dos locais intestinais de diferentes hospedeiros. Dos genes associados à atenuação no modelo do pinto, vários mutantes tinham inserções de transposão em genes necessários para a produção de seis fímbrias diferentes. As fímbrias são utilizadas pelas bactérias para aderirem umas às outras, bem como às superfícies do hospedeiro, e estes dados indicam que as fímbrias são importantes para a colonização do intestino da galinha.

A mesma biblioteca de mutantes STM foi utilizada para identificar novos genes associados à virulência na colonização intestinal de suínos.[134] Este rastreio identificou 119 mutantes atenuados em termos de virulência no modelo suíno de infeção. Destes 119 mutantes, o local de inserção do transposão de 79 tinha sido identificado no rastreio anterior. Os restantes 40 mutantes de transposão foram associados apenas à atenuação no modelo suíno de infeção. Um dos mutantes identificados tinha uma inserção de transposão no gene *safA*. Este gene faz parte de um operão (*safABCD*) que está localizado na ilha genómica do centrossoma 7 da *Salmonella enterica* (SCI), também conhecida como SPI-6. O gene *safA* codifica fímbrias atípicas putativas específicas de Salmonella. Como este mutante não foi atenuado no modelo de infeção do pinto ou do vitelo, isto pode refletir a capacidade da bactéria de expressar diferentes adesões para explorar diferentes hospedeiros animais. Neste rastreio, foram identificados vários genes sob o controlo do sistema de dois componentes PhoPQ (TCS). Sabe-se que o sistema PhoPQ TCS da Salmonella regula uma série de genes que desempenham um papel no crescimento em condições de baixo Mg^{2+} , na resistência a péptidos antimicrobianos, sais biliares e pH ácido. Isto levanta a possibilidade de que este sistema possa desempenhar um papel na colonização de suínos por Salmonella.][1135]

Nos últimos anos, a STM foi melhorada através da modificação do transposão mutagénico para incluir um promotor da polimerase de ARN T7 (PT7) que é utilizado para gerar uma transcrição única para cada mutante a partir da sequência genómica adjacente à mutação. Esta modificação torna desnecessárias as etiquetas de sequência única exógenas. A abundância relativa dos transcritos PT7 de entrada e de saída é monitorizada utilizando um microarray de ORF.[136]-[138] Este método foi aplicado a Salmonella utilizando um método de recombinação lamba-vermelha que inclui características para minimizar a polaridade e para construir mutantes de delecção orientados. O PT7 foi adicionado à cassete inserida durante a mutagénese e posicionado de modo a produzir uma transcrição específica do gene a partir da sequência genómica adjacente à inserção[137]. No total, houve um conjunto de mais de 1 000 mutantes de Salmonella com genes-alvo injectados em ratinhos BALB/C e o baço foi analisado 2 dias após a infeção. O limiar de uma alteração de 2 vezes foi designado como tendo diminuído a aptidão em comparação com o pool de entrada. No total, foi demonstrado que 120 mutantes apresentavam uma diminuição da aptidão, entre os quais mutantes associados ao TTSS codificado por SPI-2 e genes efectores associados, e genes para a biossíntese da parede celular, todos conhecidos por desempenharem um papel durante a infeção.

Com este método, foram identificadas 15 mutações anteriormente desconhecidas que desempenham um papel durante a infeção sistémica em ratinhos BALB/c. Estas incluíam os cinco candidatos a sRNA, um tRNA supranumerário (LeuX) e nove genes codificadores de proteínas. As mutações no *leuX*, que codifica o tRNA-Leu, eram anteriormente conhecidas por reduzirem a expressão das fímbrias do tipo I e reduzirem a invasão epitelial da bexiga e a proliferação intracelular da *E. coli* uropatogénica.[13]

₁9,[40] Foi a primeira vez que se demonstrou que um mutante *leuX desempenha* um papel durante a infeção por Salmonella. Uma das vantagens deste método é a possibilidade de identificar mutantes que podem aumentar a sobrevivência durante a infeção, como é o caso de um mutante em *oxyS*. OxyS é um membro do regulador OxyR expresso durante o stress oxidativo e codifica um sRNA que regula mais de 40 genes em *E. coli*.[141],[142] De facto, este estudo é um dos primeiros a revelar um fenótipo distinto para mutantes de pequenos ARN não codificantes durante a infeção por Salmonella.

As vantagens deste sistema STM modificado são que permite a fácil geração e confirmação de mutantes de deleção específicos, minimizará os efeitos dos estrangulamentos populacionais no rastreio, permitirá a análise em modelos animais relevantes e permitirá a utilização eficiente de doses mais apropriadas para identificar mutantes de Salmonella com uma aptidão alterada in vivo. Além disso, é o primeiro passo para uma descrição mais completa dos genes de Salmonella envolvidos na infeção sistémica, em particular genes que podem ter um fenótipo mais suave e que são difíceis de detetar pelos métodos STM mais antigos[143].

1.3.5 Deteção de locais de inserção de transposões por sequenciação de segunda geração

Algumas limitações associadas à abordagem STM incluem a carga de trabalho envolvida na construção e no rastreio de grandes bibliotecas e os custos associados ao rastreio em animais (sobretudo se os rastreios forem efectuados em ruminantes). Para ultrapassar estas limitações, foram desenvolvidas novas abordagens baseadas na sequenciação de alto rendimento que permitem a atribuição simultânea do sítio de inserção e da pontuação de aptidão para os mutantes rastreados em pools[144]. A sequenciação do sítio de inserção dirigida por transposão (TraDIS) é uma dessas abordagens, que explora a sequenciação Illumina para obter a sequência que flanqueia cada inserção de transposão em grandes pools de mutantes[145]. O TraDIS evita a necessidade de construir e ordenar mutantes marcados de forma exclusiva e de sub-clonar e sequenciar mutantes atenuantes, poupando assim substancialmente tempo e custos.

Além disso, a abordagem pode ser aplicada a pools de mutantes muito grandes e pode potencialmente reduzir o número de animais utilizados em grandes exames de transposões. O estudo que desenvolveu pela primeira vez a abordagem TraDIS utilizou o método para a análise in vitro da tolerância à bílis em *S.* Typhi.][1446]

Uma abordagem semelhante de sequenciação paralela em massa foi recentemente aplicada para atribuir genótipos e pontuações de aptidão a mutantes de *E. coli* O157:H7 previamente seleccionados em vitelos.[131],[147] Dos 1.805 mutantes analisados, a sequenciação paralela atribuiu o local de inserção e as pontuações de aptidão a 1.645 mutantes que representavam inserções em 855 genes diferentes. Isto representou 91,1% dos mutantes analisados, enquanto o banco STM anterior apenas identificou sítios de inserção em 4,2% dos mutantes. Além disso, o rastreio STM em O157:H7 identificou 13 mutações atenuantes em genes LEE, mas a sequenciação identificou 54 inserções na região LEE que correspondiam a 21 genes diferentes.[1448]A análise do banco de STM de EHEC O26:H- demonstrou um papel para as citotoxinas (EhxA e PssA) durante a patogénese, mas estes genes não foram identificados no rastreio de EHEC O157:H7.[149],[150] A sequenciação paralela revelou que vários destes mutantes estavam representados na biblioteca e foram geralmente seleccionados negativamente em vitelos. Uma abordagem de sequenciação paralela maciça semelhante, denominada INSeq (sequenciação de inserção), foi desenvolvida de forma independente para analisar os locais de inserção de transposões no organismo comensal intestinal *Bacteroides thetaiotaomicron*[1][514] . Os autores utilizaram esta abordagem para analisar os genes necessários para a colonização de ratinhos gnotobióticos convencionais e sem germes ou monocolonizados. O trabalho revelou como a colonização por Bacteroides é influenciada pelas populações existentes no intestino e pela competição por nutrientes chave neste ambiente.

CAPÍTULO 2

2. Referências:

(1) Sharma S, Javadekar SM, Pandey M, Srivastava M, Kumari R, Raghavan SC . "Homologia e requisitos enzimáticos de micro-homologia-dependente-alternativa-end
adesão". CellDeath&Disease. 6 (3):e1697. (março de 2015).

(2) Chen J, Miller BF, Furano AV . "Repair of naturally occurring mismatches can induce mutations in flanking DNA". eLife. 3:e02001. (abril de 2014).

(3) Rodgers K, McVey M. "Error-Prone Repair of DNA Double-Strand Breaks" (Reparação por Erro das Quebras de Duplo Fio do ADN). Journal of Cellular Physiology. 231 (1): 15-24. (janeiro de 2016).

(4) Bertram JS . "A biologia molecular do cancro". Aspectos Moleculares da Medicina. Elsevier. 21 (6): 167-223. (dezembro de 2000).

(5) Aminetzach YT, Macpherson JM, Petrov DA . "Resistência a pesticidas através de truncagem genética adaptativa mediada por transposição em Drosophila". Science. Associação Americana para o Avanço da Ciência. 309 (5735):7647. (julho de 2005).

(6) Burrus V, Waldor MK . "Shaping bacterial genomes with integrative andconjugativeelements   ". Investigação   em Microbiologia.Elsevier. 155 (5):37686. (junho de 2004).

(7) Sawyer SA, Parsch J, Zhang Z, Hartl DL. "Prevalência de seleção positiva entre substituições de aminoácidos quase neutros em Drosophila". Actas da Academia Nacional das Ciências dos Estados Unidos da América. Academia Nacional de Ciências. 104 (16): 650410, (abril de 2007).

(8) Hastings PJ, Lupski JR, Rosenberg SM, Ira G. "Mechanisms of change in gene copy number". Nature Reviews. Genetics. Nature Publishing Group. 10 (8): 551-64. (agosto de 2009).

(9)   Carroll, Grenier & Weatherbee 2005

(10) Harrison PM, Gerstein M . "Studying genomes through the aeons: protein families, pseudogenes and proteome evolution". Journal of Molecular Biology. Elsevier. 318 (5): 1155-74, (maio de 2002).

(11) Orengo CA, Thornton JM "Protein families and their evolution-a structuralperspective   ".
 AnnualReviewof
 Bioquímica. AnnualReviews. 74:867900. (julho de 2005).

(12) Long M, Betran E, Thornton K, Wang W . "The origin of new genes: glimpses from the young and old". Nature Reviews. Genetics. Nature Publishing Group. 4 (11): 865-75. (novembro de 2003).

(13) Wang M, Caetano-Anolles G "The evolutionary mechanics of domain organization in proteomes and the rise of modularity in the protein world". Structure. Cell Press. 17 (1): 66-78. (janeiro de 2009).

(14) Bowmaker JK "Evolução da visão cromática nos vertebrados". Eye. Nature Publishing Group. 12 (Pt 3b) (Pt 3b): 541-7. (maio de 1998).

(15) Gregory TR, Hebert PD . "A modulação do conteúdo de ADN: causas próximas e consequências finais". Genome Research. Cold Spring Harbor Laboratory Press. 9 (4): 317-24, (abril de 1999).

(16) Hurles M. "Gene duplication: the genomic trade in spare parts" [Duplicação de genes: o comércio genómico de peças sobresselentes]. PLoS Biology. Biblioteca Pública da Ciência. 2 (7): E206. (julho de 2004).

(17) Liu N, Okamura K, Tyler DM, Phillips MD, Chung WJ, Lai EC . "The evolution and functional diversification of animal microRNA genes". Cell Research. Nature Publishing Group em nome dos Institutos de Ciências Biológicas de Xangai. 18 (10): 985,96. (outubro de 2008).

(18) Siepel A . "Darwinian alchemy: Human genes from noncoding DNA". Genome Research. Cold Spring Harbor LaboratoryPress. 19 (10):16935, (outubro de 2009).

(19) Zhang J, Wang X, Podlaha O . "Testing the chromosomal speciation hypothesis for humans and chimpanzees". Genome Research. Cold Spring Harbor Laboratory Press. 14 (5): 845-51, (maio de 2004).

(20) Ayala FJ, Coluzzi M , "Chromosome speciation: humans, Drosophila, and mosquitoes". Actas da Academia Nacional das Ciências dos Estados Unidos da América. Academia Nacional de Ciências. 102 Suppl 1 (Suppl 1): 6535-42, (maio de 2005).

(21) Hurst GD, Werren JH . "The role of selfish genetic elements in eukaryotic evolution". Nature Reviews. Genetics. Nature PublishingGroup. 2 (8):597606, (agosto de 2001).

(22) Hasler J, Strub K . "Alu elements as regulators of gene expression". Nucleic Acids Research. Oxford University Press. 34 (19):54917, (novembro de 2006).

(23) Eyre-Walker A, Keightley PD . "The distribution of fitness effects of new mutations" (PDF). Nature Reviews. Genetics. NaturePublishingGroup. 8 (8):6108. (agosto de 2007).

(24) Bohĺdar HB. Fundamentos de Física de Polímeros e Biofísica Molecular. Cambridge University Press, (janeiro de 2015).

(25) Montelone BA . "Mutação, mutagénicos e reparação de ADN". www-personal.ksu.edu. Recuperado em 2015-10-02.

(26) Bernstein C, Prasad AR, Nfonsam V, Bernstein H. DNA Damage, DNA Repair and Cancer, New Research Directions in DNA Repair, Prof.   ClarkChen   (Ed.), ISBN978-953-51-1114-6   , InTech, http://www.intechopen.com/books/new-research- directions-in-dna-repair/dna-damage-dna-repair-and-cancer, 2013.

(27) Stuart GR, Oda Y, de Boer JG, Glickman BW . "Mutation frequency and specificity with age in liver, bladder and brain of lacl transgenic mice". Genetics. Genetics Society of America. 154 (3): 1291-300, (março de 2000).

(28) Kunz BA, Ramachandran K, Vonarx EJ . "DNA sequence analysis of spontaneous mutagenesis in Saccharomyces cerevisiae". Genetics. Genetics Society of America. 148 (4): 1491-505, (abril de 1998).

(29) Lieber MR . "The mechanism of double-strand DNA break repair by the nonhomologous DNA end-joining pathway". Annual Review of Biochemistry. Annual Reviews. 79: 181211. (julho de 2010). .

(30) Pfohl-Leszkowicz A, Manderville RA. "Ocratoxina A: Uma visão geral da toxicidade e carcinogenicidade em animais e humanos". Molecular Nutrition & Food Research. Wiley-Blackwell. 51 (1):6199, (janeiro de 2007).

(31) Kozmin S, Slezak G, Reynaud-Angelin A, Elie C, de Rycke Y, Boiteux S, Sage E . "A radiação UVA é altamente mutagénica em células que são incapazes de reparar a 7,8-dihidro-8-oxoguanina em Saccharomyces cerevisiae". Actas da Academia

Nacional das Ciências dos Estados Unidos da América. Academia Nacional de Ciências. 102 (38):13538, (setembro de 2005).

(32) As referências para a imagem encontram-se na página do Wikimedia Commons em: Commons:Ficheiro:Mutações notáveis.svg#Referências.

(33) Freese E . "THE DIFFERENCE BETWEEN SPONTANEOUS AND BASEANALOGUE INDUCED MUTATIONS OF PHAGE T4". Actas da Academia Nacional de Ciências dos Estados Unidos da América. Academia Nacional de Ciências. 45 (4):62233, (abril de 1959).

(34) Freese E . "The specific mutagenic effect of base analogues on Phage T4". Journal of Molecular Biology. Amesterdão, Países Baixos: Elsevier. 1 (2): 87-105, (junho de 1959).

(35) McClean P . "Types of Mutations" (Tipos de Mutações). Genes e Mutações. Material do curso PLSC 431/631 - Genética Intermédia, 1991.

(36) Goh AM, Coffill CR, Lane DP . "The role of mutant p53 in human cancer" (O papel do p53 mutante no cancro humano). The Journal of Pathology. John Wiley & Sons. 223 (2): 11626, (janeiro de 2011).

(37) Chenevix-Trench G, Spurdle AB, Gatei M, Kelly H, Marsh A, Chen X, Donn K, Cummings M, Nyholt D, Jenkins MA, Scott C, Pupo GM, Dork T, Bendix R, Kirk J, Tucker K, McCredie MR, Hopper JL, Sambrook J, Mann GJ, Khanna KK . "Mutações ATM negativas dominantes em famílias com cancro da mama". Jornal do Instituto Nacional do Cancro. Oxford University Press. 94 (3): 205-15, (fevereiro de 2002).

(38) Paz-Priel I, Friedman A . "Desregulação de C/EBPa em LMA e LLA". Critical Reviews in Oncogenesis. Begell House. 16 (1-2): 93102,2011.

(39) Capaccio D, Ciccodicola A, Sabatino L, Casamassimi A, Pancione M, Fucci A, Febbraro A, Merlino A, Graziano G, Colantuoni V . "A novel germline mutation in peroxisome proliferator-activated recetor gamma gene associated with large intestine polyp formation and dyslipidemia". Biochimica et Biophysica Ata. Elsevier. 1802 (6): 57281. (junho de 2010).

(40) McKusick VA . "O defeito na síndrome de Marfan". Nature. Nature Publishing Group. 352 (6333): 279-81, (julho de 1991).

(41) Judge DP, Biery NJ, Keene DR, Geubtner J, Myers L, Huso DL, Sakai LY, Dietz HC .

"Evidence for a critical contribution of haploinsufficiency in the complex pathogenesis of Marfan syndrome". The Journal of Clinical Investigation. Sociedade Americana de Investigação Clínica. 114 (2): 172-81. (julho de 2004).

(42) Judge DP, Dietz HC . "Marfan's syndrome". Lancet. Elsevier. 366 (9501): 1965-76, (dezembro de 2005).

(43) Imhof M, Schlotterer C. "Fitness effects of advantageous mutations in evolving Escherichia coli populations" (Efeitos de aptidão de mutações vantajosas em populações de Escherichia coli em evolução). Actas da Academia Nacional de Ciências dos Estados Unidos da América. Academia Nacional de Ciências. 98 (3): 1113-7, (janeiro de 2001).

(44) Hogan, C. Michael (12 de outubro de 2010). "Mutação". Em Monosson, Emily. Encyclopedia of Earth [Enciclopédia da Terra]. Washington, D.C.: Coalizão de Informações Ambientais, Conselho Nacional de Ciência e Meio Ambiente. OCLC 72808636. Recuperado em 2015-10-08.

(45) Boillee S, Vande Velde C, Cleveland DW . "ALS: a disease of motor neurons and their nonneuronal neighbors" (ELA: uma doença dos neurónios motores e dos seus vizinhos não neuronais). Neuron. Cell Press. 52 (1): 39-59, (outubro de 2006).

(46) [b] "Mutação genética de células somáticas". Dicionário do Genoma. Atenas, Grécia: Information Technology Associates. 30 de junho de 2007. Recuperado em 2010-06-06.

(47) "Genética RB1". Daisy's Eye Cancer Fund. Oxford, Reino Unido. Arquivado do original em 2011-11-26. Recuperado em 2015-10-09.

(48) "Heterozigoto composto". MedTerms. Nova Iorque: WebMD. 14 de junho de 2012. Recuperado em 2015-10-09.

(49) Alberts. Molecular Biology of the Cell (6 ed.). Garland Science. p. 487,2014.

(50) Chadov BF, Fedorova NB, Chadova EV . "Mutações condicionais em Drosophila melanogaster: Por ocasião do 150º aniversário do relatório de G. Mendel em Brunn". Mutation Research. Revisões em Pesquisa de Mutação. 765: 40-55, (2015-07-01).

(51) Landis G, Bhole D, Lu L, Tower J. "High-frequency generation of conditional mutations affecting Drosophila melanogaster development and life span".

Genetics. 158 (3): 1167-76, (julho de 2001).

(52) Gierut JJ, Jacks TE, Haigis KM . "Strategies to achieve conditional gene mutation in mice". Protocolos de Cold Spring Harbor. 2014 (4): 339-49, (abril de 2014).

(53) Spencer DM . "Creating conditional mutations in mammals". Tendências em Genética. 12 (5): 181-7, (maio de 1996).

(54) Tan G, Chen M, Foote C, Tan C . "Mutações sensíveis à temperatura facilitadas: geração de mutações condicionais através da utilização de inteins sensíveis à temperatura que funcionam em diferentes gamas de temperatura". Genetics. 183 (1): 13-22, (setembro de 2009).

(55) den Dunnen JT, Antonarakis SE . "Mutation nomenclature extensions and suggestions to describe complex mutations: a discussion". Human Mutation. Wiley-Liss, Inc. 15 (1): 7-12, (janeiro de 2000).

(56) Doniger SW, Kim HS, Swain D, Corcuera D, Williams M, Yang SP, Fay JC. Pritchard JK, ed. "A catalog of neutral and deleterious polymorphism in yeast" [Um catálogo de polimorfismo neutro e deletério em leveduras]. PLoS Genetics. Biblioteca Pública da Ciência. 4 (8): e1000183, (junho de 2014).

(57) Hsu PD, Lander ES, Zhang F (junho de 2014). "Desenvolvimento e aplicações de CRISPR-Cas9 para engenharia de genoma". Cell. 157 (6): 1262 78. doi:10.1016/j.cell.2014.05.010. PMC 4343198. PMID 24906146.

(58) Muller, H. J. "Transmutação Artificial do Gene" (PDF). Science. 66 (1699): 84-87,1927.

(59) Crow, J. F.; Abrahamson, S. "Seventy Years Ago: A mutação torna-se experimental" (PDF). Genetics. 147 (4): 1491-1496, 1997.

(60) G. Michael Blackburn, ed. Nucleic Acids in Chemistry and Biology (3ª ed.). Royal Society of Chemistry. pp. 191-192,2006.

(61) Wong, T.S.; Tee, K.L.; Hauer, B.; Schwaneberg, U. "Sequence Saturation Mutagenesis (SeSaM): um novo método para a evolução dirigida de proteínas". Nucleic Acids Res. 32 (3): e26,2004.

(62) "Mutagénese ENU em ratos" (PDF). Genética Molecular Humana. 8 (10): 1955-63. 1999.

(63) Hrabe de Angelis M, Balling R . "Ecrãs ENU em grande escala no rato: a genética

encontra a genómica". Mutation Research. 400 (1-2): 25-32,1998.

(64) Flibotte S, Edgley ML, Chaudhry I, Taylor J, Neil SE, Rogula A, Zapf R, Hirst M, Butterfield Y, Jones SJ, Marra MA, Barstead RJ, Moerman DG . "Perfil de todo o genoma da mutagénese em Caenorhabditis elegans". Genetics. 185 (2): 431-41,2010.

(65) Bokel C . "EMS screens: da mutagénese ao rastreio e mapeamento". Methods in Molecular Biology. 420: 119-38, 2008.

(66) Hsu PD, Lander ES, Zhang F "Development and applications of CRISPR-Cas9 for genome engineering". Cell. 157 (6): 1262 78. doi:10.1016/j.cell.2014.05.010, (junho de 2014).

(67) Kilbey, B. J. "Charlotte Auerbach (1899-1994)". Genetics. 141 (1): 15. ,1995..

(68) Shortle, D.; Dimaio, D.; Nathans, D. "Directed Mutagenesis". Annual Review of Genetics. 15: 265-294,1981.

(69) Caras, I. W.; MacInnes, M. A.; Persing, D. H.; Coffino, P.; Martin Jr, D. W. "Mechanism of 2-aminopurine mutagenesis in mouse T- lymphosarcoma cells". Molecular and Cellular Biology. 2 (9): 10961103,1982.

(70) McHugh, G. L.; Miller, C. G. "Isolamento e Caracterização de Mutantes de Prolina Peptidase de Salmonella typhimurium". Journal of Bacteriology. 120 (1): 364-371,1974.

(71) D Shortle & D Nathans. "Mutagénese local: um método para gerar mutantes virais com substituições de bases em regiões pré-seleccionadas do genoma viral". Proceedings of the National Academy of Sciences. 75 (5): 2170-2174,1978.

(72) R A Flavell; D L Sabo; E F Bandle & C Weissmann . "Mutagénese dirigida ao local: efeito de uma mutação extracistrónica na propagação in vitro do ARN do bacteriófago Qbeta". Proc Natl Acad Sci USA. 72 (1):367371,1975.

(73) Willi Muller; Hans Weber; Francois Meyer; Charles Weissmann , "Site-directed mutagenesis in DNA: Generation of point mutations in cloned P globin complementary DNA at the positions corresponding to amino acids 121 to 123". Journal of Molecular Biology. 124 (2): 343-358,1978.

(74) Hutchison Ca, 3.; Edgell, M. H. "Ensaio Genético para Pequenos Fragmentos de Ácido Desoxirribonucleico do Bacteriófago φX174". Jornal de Virologia. 8 (2):

181-189,1971.

(75) Marshall H. Edgell, Clyde A. Hutchison, III, e Morton Sclair . "Fragmentos específicos de endonuclease R do ácido desoxirribonucleico do bacteriófago X174". Journal of Virology. 9 (4): 574-582.,1972.

(76) Hutchison CA, Phillips S, Edgell MH, Gillam S, Jahnke P, Smith M. "Mutagénese numa posição específica de uma sequência de ADN" (PDF). J. Biol. Chem. 253 (18): 6551-60, (setembro de 1978).

(77) Braman, Jeff, ed. Protocolos de mutagénese in vitro. Methods in Molecular Biology. 182 (2ª ed.). Humana Press. ISBN 9780896039100,2002.

(78) Kunkel TA. "Mutagénese rápida e eficiente de sítios específicos sem seleção fenotípica". (PDF). Actas da Academia Nacional das Ciências. 82 (2): 488-92,1985.

(79) Wells, J. A.; Estell, D. A. "Subtilisin - uma enzima concebida para ser projectada". Tendências em Ciências Bioquímicas. 13 (8): 291-297,1988.

(80) Karnik, Abhijit; Karnik, Rucha; Grefen, Christopher , "SDM-Assist software to design site-directed mutagenesis primers introducing "silent" restriction sites". BMC Bioinformatics. 14 (1): 105.,2013.

(81) Papworth, C., Bauer, J. C., Braman, J. e Wright, D. A. "Site-directed mutagenesis in one day with >80% efficiency.". Strategies. 9 (3): 34.1996.

(82) Scherer S., Davis RW. Substituição de segmentos de cromossomas por sequências de ADN alteradas construídas in vitro. Proc Natl Acad Sci. 76:4951-5.1979.

(83) Storici F., Resnick MA. A abordagem delitto perfetto para a mutagénese in vivo dirigida ao local e rearranjos cromossómicos com oligonucleótidos sintéticos em levedura. Methods Enzymol. 409:32945,2006.

(84) Inga A., Resnick MA. Novas mutações de p53 humano que são tóxicas para a levedura podem aumentar a transactivação de promotores específicos e mutantes de p53 tumorais reactivos. Oncogene. 14;20,2001.

(85) Storici F., Durham CL., Gordenin DA., Resnick MA, As quebras de cadeia dupla específicas de sítios cromossómicos são eficientemente direccionadas para reparação por oligonucleótidos em levedura. Proc Natl Acad Sci.,2003.

(86) Knoll LJ, Furie GL, Boothroyd JC. Adaptação da mutagénese marcada com assinatura para Toxoplasma gondii: uma estratégia de rastreio negativa para isolar genes essenciais em condições de crescimento restritivas. Mol Biochem Parasitol;116:11-6,2001.

(87) Mene'ndez A, Fern'ndez L, Reimundo P, Guijarro JA. Genes necessários para a sobrevivência de Lactococcus garvieae num hospedeiro peixe. Microbiology;153:3286-94,2007.

(88) Rosas-Magallanes V, Stadthagen-Gomez G, Rauzier J, Barreiro LB, Tailleux L, Boudou F, et al. Signature-tagged transposon mutagenesis identifica novos genes de Mycobacterium tuberculosis envolvidos no parasitismo de macrófagos humanos. Infect Immun;75:504-7,2007.

(89) Camilli A, Portnoy A, Youngman P. Mutagénese de inserção de Listeria monocytogenes com um novo derivado de Tn917 que permite a clonagem direta de inserções de transposão de flanco de ADN. J Bacteriol;172:3738-44,1990.

(90) Garsin DA, Urbach J, Huguet-Tapia JC, Peters JE, Ausubel FM. A construção de uma biblioteca de disrupção de genes mediada por Enterococcus faecalis Tn917 oferece uma visão dos padrões de inserção de Tn917. J Bacteriol;186:7280-9 ,2004.

(91) Zemansky J, Kline BC, Woodward JJ, Leber JH, Marquis H, Portnoy DA. Desenvolvimento de um transposão baseado em mariner e identificação de determinantes de Listeria monocytogenes, incluindo a peptidil-prolyl isomerase PrsA2, que contribuem para o seu fenótipo hemolítico. J Bacteriol;191:3950-64,2009.

(92) Autret N, Charbit A. Lições da mutagénese marcada com assinatura sobre os mecanismos infecciosos das bactérias patogénicas. FEMS Microbiol Rev;29:703-17,2005.

(93) Guerrant RL, Kosek M, Moore S, Lorntz B, Brantley R, Lima AA. Magnitude e impacto das doenças diarreicas. Arch Med Res;33:351- 5,2002.

(94) Sockett PN. The economic implications of human Salmonella infection. J Appl Bacteriol;71:289-95,1991.

(95) Thomas MK, Majowicz SE, MacDougall L, Sockett PN, Kovacs SJ, Fyfe M, et al. Distribuição da população e peso da doença gastrointestinal aguda na Colúmbia

Britânica, Canadá. BMC Public Health;6:307,2006.

(96) Begley M, Gahan CG, Hill C. A interação entre as bactérias e a bílis. FEMS Microbiol Rev;29:625-51,2005.

(97) Gahan CG, Hill C. A relação entre as respostas ao stress ácido e a virulência em Salmonella typhimurium e Listeria monocytogenes. Int J Food Microbiol;50:93-100,1999.

(98) Sleator RD, Watson D, Hill C, Gahan CG. A interação entre Listeria monocytogenes e o trato gastrointestinal do hospedeiro. Microbiology;155:2463-75,2009.

(99) Sleator RD, Clifford T, Hill C. Osmolaridade intestinal: uma pista ambiental chave que inicia a fase gastrointestinal da infeção por Listeria monocytogenes? Med Hypotheses;69:1090-2,2007.

(100) Blaser MJ, Berg DE. Helicobacter pylori genetic diversity and risk of human disease. J Clin Invest;107:767-73,2001.

(101) Kavermann H, Burns BP, Angermuller K, Odenbreit S, Fischer W, Melchers K, et al. Identificação e caraterização de genes de Helicobacter pylori essenciais para a colonização gástrica. J Exp Med. ;197:813- 22, 2003.

(102) Gillessen A, Shahin M, Pohle T, Foerster E, Krieg TH, Domschke W. Evidência de síntese de colagénio de novo na cicatrização de úlceras gástricas humanas. Scand J Gastroenterol. ;30:515-8, 1995.

(103) Sack DA, Sr., Sack RB, Nair GB, Siddique AK. Cholera. Lancet.;363:223-33, 2004.

(104) Chiang SL, Mekalanos JJ. Utilização da mutagénese de transposões marcados com assinatura para identificar genes de Vibrio cholerae críticos para a colonização. Mol Microbiol. ;27:797-805. ,1998.

(105) Attridge SR, Voss E, Manning PA. O papel dos pili regulados por toxinas na patogénese do Vibrio cholerae O1 El Tor. Microb Pathog. ;15:421-31,1993.

(106) Herrington DA, Hall RH, Losonsky G, Mekalanos JJ, Taylor RK, Levine MM. Toxin, toxin-coregulated pili, and the toxR regulon are essential for Vibrio cholerae pathogenesis in humans. J Exp Med. ;168:1487- 92, 1988.

(107) Taylor RK, Miller VL, Furlong DB, Mekalanos JJ. Utilização de fusões de genes phoA para identificar um fator de colonização de pilus regulado de forma

coordenada com a toxina da cólera. Proc Natl Acad Sci U S A. ;84:2833-7, 1987.

(108) Sigel SP, Lanier S, Baselski VS, Parker CD. In vivo evaluation of pathogenicity of clinical and environmental isolates of Vibrio cholerae. Infect Immun. ;28:681-7, 1980.

(109) Waldor MK, Colwell R, Mekalanos JJ. O antigénio do serogrupo Vibrio cholerae O139 inclui uma cápsula de antigénio O e determinantes de virulência de lipopolissacárido. Proc Natl Acad Sci U S A. ;91:11388-92, 1994.

(110) Iredell JR, Manning PA. Paragem da translocação da membrana externa da subunidade de pilina TcpA em mutantes rfb de Vibrio cholerae O1 estirpe 569B. J Bacteriol. ;179:2038-46, 1997.

(111) Kirn TJ, Lafferty MJ, Sandoe CM, Taylor RK. Delineação dos domínios de pilina necessários para a associação bacteriana em microcolónias e colonização intestinal por Vibrio cholerae. Mol Microbiol. ;35:896- 910,2000.

(112) Merrell DS, Hava DL, Camilli A. Identificação de novos factores envolvidos na colonização e tolerância ao ácido de Vibrio cholerae. Mol Microbiol, 2002.

(113) Muzzin O, Campbell EA, Xia L, Severinova E, Darst SA, Severinov K. A perturbação de Escherichia coli hepA, uma proteína associada à RNA polimerase, causa sensibilidade aos raios UV. J Biol Chem. ;273:15157-61, 1998.

(114) Karmali MA, Petric M, Lim C, Fleming PC, Steele BT. Escherichia coli cytotoxin, haemolytic-uraemic syndrome, and haemorrhagic colitis. Lancet, 2:1299-1300, 1983.

(115) Paton AW, Srimanote P, Woodrow MC, Paton JC. Characterization of Saa, a novel autoagglutinating adhesin produced by locus of enterocyte effacement-negative Shiga-toxigenic Escherichia coli strains that are virulent for humans. Infect Immun. ;69:6999-7009, 2001.

(116) Riley LW, Remis RS, Helgerson SD, McGee HB, Wells JG, Davis BR, et al. Colite hemorrágica associada a um serótipo raro de Escherichia coli. N Engl J Med. ;308:681-5, 1983.

(117) Ammon A. Surveillance of enterohaemorrhagic E. coli (EHEC) infections and haemolytic uraemic syndrome (HUS) in Europe. Euro Surveill. ;2:91-6, 1997.

(118) Mead PS, Slutsker L, Dietz V, McCaig LF, Bresee JS, Shapiro C, et al. Doenças e

mortes relacionadas com a alimentação nos Estados Unidos. Emerg Infect Dis. ;5:607-25, 1999.

(119) Borczyk AA, Karmali MA, Lior H, Duncan LM. Bovine reservoir for verotoxin-producing Escherichia coli O157:H7. Lancet. ;1:98, 1987.

(120) Orskov F, Orskov I, Villar JA. O gado bovino como reservatório de Escherichia coli O157:H7 produtora de verotoxina. Lancet. 2:276, 1987.

(121) Dziva F, van Diemen PM, Stevens MP, Smith AJ, Wallis TS. Identification of Escherichia coli O157:H7 genes influencing colonization of the bovine gastrointestinal tract using signature- tagged mutagenesis. Microbiology, 150:3631-45, 2004.

(122) van Diemen PM, Dziva F, Stevens MP, Wallis TS. Identification of enterohemorrhagic Escherichia coli O26:H- genes required for intestinal colonization in calves. Infect Immun. 2005;73:1735- 43,2005.

(123) Kelly M, Hart E, Mundy R, Marches O, Wiles S, Badea L, et al. Papel essencial do efector do sistema de secreção tipo III NleB na colonização de ratinhos por Citrobacter rodentium. Infect Immun. 2006;74:2328-37,2006.

(124) Mundy R, Petrovska L, Smollett K, Simpson N, Wilson RK, Yu J, et al. Identificação de uma nova proteína secretada tipo III de Citrobacter rodentium, EspI, e papéis desta e de outras proteínas secretadas na infeção. Infect Immun. ;72:2288-302. doi: 10.1128/IAI.72.4.2288- 2302.2004, 2004.

(125) Tang CM, Bakshi S, Sun YH. Identificação de genes bacterianos necessários para a sobrevivência in vivo. J Pharm Pharmacol.;53:1575-9. doi: 10.1211/0022357011778179, 2001.

(126) Shea JE, Hensel M, Gleeson C, Holden DW. Identificação de um locus de virulência que codifica um segundo sistema de secreção de tipo III em Salmonella typhimurium. Proc Natl Acad Sci U S A. ;93:2593-7, 1996.

(127) Hensel M, Shea JE, Waterman SR, Mundy R, Nikolaus T, Banks G, et al. Os genes que codificam proteínas putativas efectoras do sistema de secreção de tipo III da ilha de patogenicidade 2 da Salmonella são necessários para a virulência bacteriana e a proliferação em macrófagos. Mol Microbiol. ;30:163- 74, 1998.

(128) Ochman H, Soncini FC, Solomon F, Groisman EA. Identificação de uma ilha de patogenicidade necessária para a sobrevivência da Salmonella nas células

hospedeiras. Proc Natl Acad Sci U S A. ;93:7800-4, 1996.

(129) Vazquez-Torres A, Xu Y, Jones-Carson J, Holden DW, Lucia SM, Dinauer MC, et al. Evasão da NADPH oxidase dos fagócitos dependente da ilha de patogenicidade 2 da Salmonella. Science. ;287:1655-8 ,2000.

(130) Khan SA, Stratford R, Wu T, Mckelvie N, Bellaby T, Hindle Z, et al. Derivados de Salmonella typhi e S typhimurium com deleções nos genes da biossíntese aromática e da ilha de patogenicidade-2 da Salmonella (SPI-2) como vacinas e vectores. Vaccine, 21:538-48, 2003.

(131) Medina E, Paglia P, Nikolaus T, Muller A, Hensel M, Guzman CA. Os mutantes da ilha de patogenicidade 2 de Salmonella typhimurium são portadores eficientes de antigénios heterólogos e permitem a modulação das respostas imunitárias. Infect Immun. ;67:1093-9, 1999.

(132) Morgan E, Campbell JD, Rowe SC, Bispham J, Stevens MP, Bowen AJ, et al. Identificação de factores de colonização específicos do hospedeiro de Salmonella enterica serovar Typhimurium. Mol Microbiol. ;54:994-1010, 2004.

(133) Carnell SC, Bowen A, Morgan E, Maskell DJ, Wallis TS, Stevens MP. Role in virulence and protective efficacy in pigs of Salmonella enterica serovar Typhimurium secreted components identified by signature-tagged mutagenesis. Microbiologia, 153:1940-52, 2007.

(134) Badarinarayana V, Estep PW, 3rd, Shendure J, Edwards J, Tavazoie S, Lam F, et al. Análises de seleção de mutantes insercionais utilizando matrizes de resolução subgénica. Nat Biotechnol. ;19:1060-5, 2001.

(135) Lawley TD, Chan K, Thompson LJ, Kim CC, Govoni GR, Monack DM. Genome-wide screen for Salmonella genes required for long-term systemic infection of the mouse. PLoS Pathog. ;2:e11, 2006.

(136) Sassetti CM, Boyd DH, Rubin EJ. Identificação exaustiva de genes condicionalmente essenciais em micobactérias. Proc Natl Acad Sci U S A. ;98:12712-7, 2001.

(137) Sassetti CM, Boyd DH, Rubin EJ. Genes necessários para o crescimento de micobactérias definidos por mutagénese de alta densidade. Mol Microbiol. ;48:77- 84, 2003.

(138) Santiviago CA, Reynolds MM, Porwollik S, Choi SH, Long F, Andrews-Polymenis

HL, et al. A análise de pools de mutantes de deleção de Salmonella identifica novos genes que afectam a aptidão durante a infeção competitiva em ratos. PLoS Pathog. ;5:e1000477., 2009.

(139) Hannan TJ, Mysorekar IU, Chen SL, Walker JN, Jones JM, Pinkner JS, et al. LeuX tRNA-dependent and -independent mechanisms of Escherichia coli pathogenesis in acute cystitis. Mol Microbiol. ;67:116-28, 2008.

(140) Ritter A, Gally DL, Olsen PB, Dobrindt U, Friedrich A, Klemm P, et al. O tRNA5(Leu) específico de leuX associado a Pai afecta a fimbriação de tipo 1 em Escherichia coli patogénica através do controlo da expressão da recombinase FimB. Mol Microbiol. ;25:871-82, 1997.

(141) Altuvia S, Weinstein-Fischer D, Zhang A, Postow L, Storz G. Um RNA pequeno e estável induzido por stress oxidativo: papel como regulador pleiotrópico e antimutador. Cell. ;90:43-53, 1997.

(142) Repoila F, Majdalani N, Gottesman S. Small non-coding RNAs, coordinators of adaptation processes in Escherichia coli: the RpoS paradigm. Mol Microbiol. ;48:855-61, 2003.

(143) Dramsi S, Biswas I, Maguin E, Braun L, Mastroeni P, Cossart P. A entrada de Listeria monocytogenes nos hepatócitos requer a expressão de inlB, uma proteína de superfície da família de multigénios internalina. Mol Microbiol. ;16:251-61. doi: 10.1111/j.1365-2958.1995.tb02297.x, 1995.

(144) Freitag NE, Port GC, Miner MD. Listeria monocytogenes - de saprófita a agente patogénico intracelular. Nat Rev Microbiol. ;7:623-8.

(145) Goodman AL, McNulty NP, Zhao Y, Leip D, Mitra RD, Lozupone CA, et al. Identificação dos determinantes genéticos necessários para estabelecer um simbionte intestinal humano no seu habitat. Cell Host Microbe. 2009;6:279-89. doi: 10.1016/j.chom.2009.08.003, 2009.

(146) Bianconi I, Milani A, Cigana C, Paroni M, Levesque RC, Bertoni G, et al. Mutagénese marcada com assinatura positiva em Pseudomonas aeruginosa: rastreio de mutações patogénicas que promovem a infeção crónica das vias respiratórias. PLoS Pathog. ;7:e1001270, 2011

(147) Bajaj, V., C. Hwang, e C. A. Lee. hilA é um novo membro da família ompR/toxR que ativa a expressão de genes de invasão de Salmonella typhimurium. Mol.

Microbiol. 18:715-727, 1995.

(148) Bajaj, V., R. L. Lucas, C. Hwang, e C. A. Lee. Co-ordinate regulation of Salmonella typhimurium invasion genes by environmental and regulatory factors is mediated by control of hilA expression. Mol. Microbiol. 22:703-714, 1996.

(149) Darwin, A. J. e V. L. Miller. Identification of Yersinia enterocolitica genes affecting survival in an animal host using signature-tagged transposon mutagenesis. Mol. Microbiol. 32:51-62, 1999.

(150) Gray, J. T. e P. J. Fedorka-Cray. Salmonellosis in swine; a review of significant areas affecting the carrier state. Ecology of Salmonella in Pork Production 1996:80-103, 1996.

(151) Groisman, E. A. e H. Ochman. How Salmonella became a pathogen. Trends Microbiol. 5:343-349, 1997.

Conclusão :

As mutações são erros ortográficos ou alterações no código genético. São bastante raras, ocorrendo apenas uma mutação por cada 1-10 milhões de bases de ADN.

Mas os micróbios reproduzem-se muito rapidamente. Por exemplo, algumas bactérias podem dividir-se a cada nove minutos. E toda a cadeia de ADN ou genoma (*gee- nome*) dos micróbios é relativamente pequena. Por exemplo, uma bactéria média tem apenas cerca de cinco milhões de bases de ADN. Assim, em cada nova geração de bactérias, pode haver um ou dois erros no código genético.

Por outras palavras, estas mutações aleatórias ocorrem com frequência suficiente nos micróbios para desempenharem um papel significativo na sua capacidade de sobrevivência e adaptação.

Algumas mutações são "erros" aleatórios. Podem ocorrer quando um micróbio é exposto a radiação ou a químicos que causam alterações no ADN. Os micróbios, tal como nós, têm proteínas de reparação do ADN que, como uma mini equipa de construção, trabalham arduamente para reparar esses erros. No entanto, nem sempre apanham todos os erros.

Outras mutações resultam de uma mudança nas circunstâncias de uma criatura. Por exemplo, se a temperatura começar a ficar cada vez mais quente, os "genes saltadores" - pedaços de ADN que se podem deslocar - podem ser apanhados e deslocados para um novo local no ADN do micróbio. Esta mudança pode resultar na atribuição ao micróbio de uma nova caraterística genética - como uma maior tolerância ao calor - que o ajuda a adaptar-se e a sobreviver melhor. É como um construtor de casas que, ao aperceber-se de que está a construir numa zona propensa a furacões, decide que a madeira pesada de carvalho que planeava usar para o chão de madeira dura é mais necessária para construir as vigas que suportam a casa, pelo que a altera na planta. Os genes saltadores provocam alterações genéticas em todos os tipos de micróbios.

I want morebooks!

Buy your books fast and straightforward online - at one of world's fastest growing online book stores! Environmentally sound due to Print-on-Demand technologies.

Buy your books online at
www.morebooks.shop

Compre os seus livros mais rápido e diretamente na internet, em uma das livrarias on-line com o maior crescimento no mundo! Produção que protege o meio ambiente através das tecnologias de impressão sob demanda.

Compre os seus livros on-line em
www.morebooks.shop

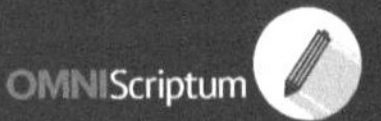

MIX
Papier aus verantwortungsvollen Quellen
Paper from responsible sources
FSC® C105338
FSC
www.fsc.org